KB260073

MP3플레이어 전쟁

이 도서의 국립중앙도서관 출판시도서목록(CIP)은 e-CIP 홈페이지(http://www.nl.go.kr/ecip)에서 이용

하실 수 있습니다. (CIP제어번호: 2008001795)

MP3 플레이어 전쟁

서기선 지음

현장감 넘치는 IT 비즈니스 지침서

'과거는 현재의 거울이며, 미래는 현재의 연장선이다.' 현재의 상황을 이해하기 위해서 우리는 역사를 공부하며, 과거의 역사를 이해함으로써 미래를 더 잘 준비할 수 있다.

MP3 기술의 경우에도 우리나라 벤처기업들이 세계 최초로 제품(MP3P)을 만들어 초기 시장을 선도했지만 지금은 후발업체인 애플에게 빼앗긴 상황이다. 나는 기회가 있을 때마다 우리나라에서 개발된 MP3P와 애플 아이팟을 비교하면서, 좋은 기술이 시장에서 반드시 성공하는 것은 아니며 또 선두주자가 반드시 시장을 지배하는 것도 아니라는 사실을 이야기해왔다.

중요한 것은 '왜 그런가'이다. 이 질문에 대한 답을 얻기 위해서 우리는 MP3 기술과 제품이 발전한 과정을 이해하고 미래를 준비해야 한다.

우리나라의 기술력은 이제 세계적인 수준에 올라 있다. 문제는 좋은 기술로 소비자를 매혹하는 제품과 수익성 높은 사업모델을 만들지 못한다는 점이다. 세계 최초, 세계 최고 기술을 가지고 있다는 자기도취에서 벗어나 세상이 넓다는 것을 알고, 세상이 필요로 하고 세상 사람들을 만족시킬 수 있는 제품과 사업모델을 창조하기 위해서 우리는 우리가 가진 기술이라는 구슬을 꿸 수 있는 '기술'을 개발해야 한다. 흥미진진한 MP3P의 역사를 소개하고 있는 이 책은 이러한 공부를 위한 귀중한 참고 도서이자 사례집이 될 것이다.

이구형 (미국 뉴로스카이 CTO·『디지털 제대로 이해하기』 저자)

'국내 벤처기업이 만든 첫 월드베스트 상품.' MP3플레이어가 한국 IT 산업에서 중요한 상징성을 갖는 이유다. 이들은 뛰어난 기술과 세계 시장을 장악하겠다는 의지 하나만으로 소니 등 일본 업체들이 지난 20년간 장악해온 휴대용 음향기기 시장의 주도권을 거머쥐었으나 얼마 후 규모의 경쟁에서 밀려 신기루처럼 사라져버렸다. 명멸의 기복이 극심했던 지난 10년간의 국내 MP3P 산업의 역사는 마치 한 편의 드라마처럼 국내 IT의 강점과 한계점, 성공과 실패의 방정식을 그 어떠한 분야보다 잘 보여주고 있다.

이 책이 주목하고 있는 것도 바로 이 부분이다. 저자의 안내를 따라 MP3P 산업의 성공과 좌절의 기억을 뒤따라가보면 IT 비즈니스의 성패를 좌우하는 키워드가 자연스럽게 눈앞에 나타나리라 기대해본다.

새롭게 시장에 도전하는 기술 벤처기업의 탄생이 끊임없이 이어지고 있는 지금, 이 책은 성공을 위한 마지막 2%를 생생히 그리고 있다.

한지운 (엠피오인터내셔널 차장·전 디지털타임스 기자)

디지털·미디어 산업의 역동성을 잘 보여주는 MP3플레이어. 저자는 3년 동안의 방대한 자료 수집과 심층적인 분석을 통해, MP3P가 발전해온 과정을 되돌아보고 디지털·미디어 산업의 미래를 위한 통찰력 있는 제안을 내놓는다. 이 책과 함께하는 동안 새로운 기술혁신이 소비자들의 삶을 바꾸기까지 그동안 잘 알려지지 않았던 '블랙박스(blackbox)' 안을 들여다보는 즐거움을 만끽할 수 있다. 이 책에서 소개되는 크고 작은 사례들은 경영학도들에게 최근 경영이론들을 적용해볼 수 있는 좋은 학습자료가 되기도 한다. 현장감 넘치는 이야기 속에서 미래를 바라보는 재미있는 책.

배종태 (KAIST 테크노경영대학원 교수)

MP3플레이어라는 상징적인 제품의 흥망성쇠를 통해 정보기술(IT) 산업의 과거와 현재를 조명했다. 최신 국내외 자료를 동원해 세계 시장을 개척했던 우리나라 벤처기업들이 경쟁력을 잃게 되는 과정을 보여주고 있다. 우리나라가 '진정한' 정보기술 대국으로 발전할 수 있는 해법을 제시한다.

임규태 (미 조지아 공대 전자설계센터 부소장)

기자의 입장에서 본 한국 IT의 현실을 적나라하게 보여주는 책이다. 우리에게 친숙한 MP3플레이어를 통해 한국 IT 산업의 위상을 표현하고 있다. 우리 스스로를 IT 강국이라고 하지만 세계의 경쟁국들에게서 무엇을 배워야 하는지 안내해준다.

김형식 (교보증권 리서치센터 연구원)

20세기 미디어의 지형을 바꾼 라디오와 TV. 21세기 벽두에 이에 못지 않은 디지털 미디어 혁명을 몰고 온 단말기가 있다. 바로 MP3플레이어다. 우리나라가 이를 최초로 개발한 'MP3P 종주국'이라는 사실은 자랑할 만한 업적이다.

특히 나는 개인적으로 1990년대 말 MP3P가 처음 개발될 때 투자한 경험이 있기 때문에 이 제품에 각별한 애정을 갖고 있다. 그런 나의 눈에는 요즈음 많은 사람들이 MP3P를 들고 다니면서도 정작 우리나라가 MP3P 종주국이라는 사실을 자랑스럽게 생각하지 않는 것 같아서 아쉬웠는데, 이 책을 읽으니 '오랫동안 잊고 지냈던 고향 친구를 만난 것'처럼 반갑다.

MP3P에 대한 책을 쓰겠다며 저자가 나에게 도움을 청한 지 벌써 3년이나 흘렀다. 그동안 저자가 발품을 판 흔적을 나는 원고 곳곳에서 발견했다. 무엇보다도 이 책이 돋보이는 것은 방대한 자료다. 각주와 참고문헌만 보더라도 저자의 성실성을 엿볼 수 있다. 그 덕분에 나는 'MP3P 11년의 역사'를 단숨에 읽을 수 있었다.

이 책은 우리가 앞으로 디지털 단말기 분야에서 어떻게 '제2, 제3의 MP3P 제품'을 개발해 다시 한 번 세계 시장을 손에 넣을 수 있는지 구체적이면서도 실질적인 방법론까지 제시하고 있다. 한마디로 '현실감 넘치는 IT 비즈니스 지침서'다.

김준수 (인터월드 전 사장·공인회계사)

재미있다. 내가 이렇게 책을 빠르게 읽어본 적이 있는가 싶을 정도로 이 책을 읽으면서 정말 오래간만에 푹 빠져든다는 느낌을 받았다. 또 새로운 것을 많이 배웠다. 특히 '달리는 음악열차(지하철)'에서 저자가 처음 목격한 디지털 음악혁명이 무대를 옮겨 전 세계에서 동시다발적으로 전개되는 대목을 읽을 때, 나는 마치 모험영화의 주인공이 되어 작은 지도 한 장만 들고 미지의 세계를 향해 돛을 올리는 보물선에 오른 것 같은 묘한 흥분을 느꼈다.

이어 이 책은 MP3플레이어의 등장이 경제·경영 분야에서 어떤 의미를 갖는지 다각도로 설명하고 있다. 우리나라에서 태어난 지 불과 10여 년 만에 연간 약 1억 2,000만 대가 팔려나가는 데다가 하드웨어와 소프트웨어, 콘텐츠가 결합한 최초의 디지털 문화상품인 MP3P는 변화무쌍한 정보기술(IT) 비즈니스를 이해하는 데 최고의 재료라고 저자는 강조한다.

MP3P 관련 분야 종사자는 물론 나처럼 영화와 드라마를 공부하는 일반인들이 복잡한 현대 사회를 이해하는 데에도 이 책은 큰 도움을 준다. 강추!!!

황재연 (네이버 MP3P 카페 운영자)

나는 오랫동안 기자로 일하면서 다양한 사람들의 이야기를 듣고, 기사를 썼다. 이러한 일은 거의 매일 결과물이 나온다. 기획기사의 경우도 대부분 1~2주 만에 마무리해야 한다. 따라서 한순간도 긴장을 늦출 수 없는 생활의 연속이었다.

책을 쓰는 것은 전혀 다른 종류의 재능이 필요했다. 무엇보다도 어려움을 참고 견디는 '인내심'과 한 가지 주제를 깊게 파고드는 '지구력'을 갖춰야 한다는 것을, 나는 이번에 절실하게 느꼈다.

자료를 뒤지고 취재원을 만나는 과정이 모두 고난의 연속이었다. 4년간 원고와 씨름한 결과물이 드디어 나왔다. 출판사에서 교정지를 받아들고 '이제야 책이 나오는 구나' 실감할 수 있었다. 그 기쁨은 글로 표현하기 어렵다.

그동안 많은 분들이 나의 작업을 도와주었다. 가장 먼저 떠오르는 얼굴은 하워드 리 유로비즈스트래티지 CEO와 이구형 뉴로스카이 CTO다. 두 분은 나에게 글로벌 비즈니스를 가르쳐준 선생님(멘토)이다. 두 선생님의 어깨 위에 올라서자, 숨 막히게 진행되는 글로벌 비즈니스의 생생한 현장이 비로소 내 시야에 쏙 들어왔다.

독자들이 이 책을 읽고 '1등만 살아남을 수 있는' 글로벌 비즈니스를 조금이라도 이해한다면 그 공은 마땅히 필자에게 많은 가르침을 준 두 선생님의 몫이다. 나는 기껏해야 '전달자'의 역할을 수행했을 뿐이다.

현장 경험을 들려준 분들도 나에게는 마찬가지로 소중하다. 김준수 전 인터월드 사장, 황정하 전 디지털캐스트 사장, 김경태 JME디지털 사장, 우중구 엠피오인터내셔널(MPIO) 사장, 장성덕 전 삼성전자 엡 사업 팀장, 김영세 이노디자인 사장은 바쁜 가운데 많은 시간을 할애해 직접 경험한 내용을 들려줬다.

사실 이 책은 이들의 이야기를 기록으로 남기기 위해 쓰였다고 할 수 있다. 안타깝지만 MP3P 업계 종사자들은 지금 '고통의 터널'을 지나고 있다. 더 많은 사람을 인터뷰하지 못한 것도 이 때문이다. 이 책이 이들에게 조그만 위안이라도 되면 좋겠다.

동료 기자들에게도 신세를 졌다. 특히 전자신문의 장길수, 김상룡, 류경동 기자, 디지털타임스의 한지운, 이형근 기자, 서울경제신문의 황정원 기자가 쓴 기사가 책을 쓰는 데 큰 도움이 되었다.

블로거들은 황송하게도 나를 대신해 취재를 해주기도 했다. 킬크로그를 운영하는 박병근 씨, 하테나로 더 유명한 이왕재 씨, 그리고 블로터닷넷 황치규 기자가 바로 그들이다.

통신 단말기 회사인 다이시스의 박병근 차장은 블로거로도 활약하고 있는데, 내가 모르는 문제를 질문하면 그 내용을 취재해 블로그에 올려주었다. 또 일본에 있는 이왕재 씨와 블로터닷넷 황치규 기자도 마찬가지다. 이들은 구원투수 역할을 했다. 나에게 어려운 문제가 생기면 달려

와서 해결해주는.

　MP3P 커뮤니티를 운영하는 황재연 씨도 특별한 도움을 주었다. 나는 사실 기기에 대해서 문외한이다. 또 연령으로 봐도 요즈음 젊은이들이 생활하는 방식을 이해하는 데 상당한 어려움을 느끼고 있다. 황재연 씨는 기꺼이 나의 길잡이가 되어주었다. 나는 MP3P에 대해서 모르는 내용이 나타나면 황재연 씨부터 찾았고, 그는 최선을 다해 '개인교수'를 해주었다.

　한 권의 책을 만드는 과정이 의외로 복잡하다는 사실도 이번에 알게 되었다. 프리랜서 기획자를 겸하고 있는 최병현 나루커뮤니케이션즈 사장을 만난 것은 초보 필자인 나에게는 행운이었다.

　출판사 편집주간을 지낸 최 사장은 새로 벌인 출판홍보대행사 일을 제쳐두고서까지 나를 대신해 출판사를 섭외하는 것은 물론 편집과 사진을 찾는 일에 이르기까지 조언을 아끼지 않았다. 그의 도움으로 이 책의 구성과 편집이 더욱 충실해졌음은 물론이다.

　출판사 관계자들도 빼놓을 수 없다. 편집자를 비롯해 디자인, 마케팅을 담당하는 분들은 마치 자신의 책이라도 되는 것처럼 열심히 일했다. 사진을 구하는 데에는 전자신문 사진부 박성주 씨에게 많은 도움을 받았다. 책을 펴내는 데 참여하거나 도움을 준 모든 분들께 감사한 마음을 전하고 싶다.

　책을 쓰는 것은 경제적으로는 수지를 맞추기 어렵다. 우선 나는 오랫동안 실업자로 지내야 했다. 어려운 상황을 견딜 수 있었던 것도 주위 사람들의 도움 덕분이다.

　KAIST 교육센터(EMDEC) 김호기 소장과 류인수 서울분소장은 특별히 나를 위해 일자리(전문위원)를 마련해주었다. 또 신성인 KPR 사장과 이

재식 플래넷INT 전무, 윤상우 전 KIST 전산실장은 내게 어려운 일이 있을 때마다 적절한 조언을 해주었다.

친구 중에서는 건설공제조합에 다니는 배길원 팀장이 있다. 대학 1학년(1979년) 때 만나 지금까지 우정을 이어오고 있다. 또 한국경제신문 한경준 차장도 많은 도움을 주었다.

부끄러운 이야기지만, 나이를 먹고 새삼스럽게 깨친 교훈이 있다. 이 세상에 '가족' 이상으로 중요한 것이 없다는 점이다. 티 없이 맑게 자라고 있는 나의 두 딸 주영, 주원이가 고마울 뿐이다.

전자신문은 오늘의 내가 있도록 만들어준 '최고의' 직장이었다. 갑자기 회사를 그만둔 후 좌절하지 않고 오랫동안 미뤄뒀던 또 다른 의미 있는 일을 찾아 도전할 수 있었던 것은 순전히 나의 아내 원경림 여사의 격려와 지원 덕분이다. 시장조사 전문가인 원 여사는 나를 대신해 취업 전선에 다시 뛰어들었고, 지금은 두 아이들과 함께 뉴질랜드에서 생활하고 있다.

이 빚을 다 갚기 위해서라도 앞으로 더욱 최선을 다해 살겠다고 다짐한다.

2008년 6월
서기선

10여 년 전만 해도 중·고등학교 입학 및 졸업선물로 가장 인기를 끌었던 제품은 단연 미니 카세트였다. 삼성전자가 내놓은 '마이마이'를 비롯해 '아하(LG전자)', '요요(대우전자)' 등은 언제 어디서나 음악을 들을 수 있게 해준 청소년들의 친구였다.

그러나 미니 카세트의 인기는 오래 지속되지 못했다. 카세트테이프나 CD 없이도 음악을 들을 수 있는 디지털 음악재생기가 출현한 후 미니 카세트의 아성은 하루아침에 무너졌다.

그 자리를 물려받은 것이 바로 MP3플레이어(MP3P)다. 지난 1997년 우리나라에서 처음 개발된 MP3P는 CD나 카세트테이프 등 별도의 미디어 없이 기기 자체에 디지털로 음악을 기록, 언제 어디서나 감상할 수 있다는 장점을 지녔다.

이에 힘입어 MP3P는 음악재생기 시장의 주역으로 떠올랐다. 어느새 대중교통 수단을 이용하거나 산책을 하는 사람들 손에 MP3P가 들려 있는 것을 우리 주위에서도 쉽게 찾아볼 수 있게 되었다.

MP3P의 인기는 해외 시장에서도 뜨겁게 달아오르고 있다. 이에 따라 시장규모도 급팽창하는 중이다. 지난해 우리나라에서 판매된 MP3P는 500여만 대. 전 세계 시장에서 판매된 MP3P는 무려 1억 2,000여만 대에 달한다. 당연히 이 시장을 선점하기 위한 정보기술(IT) 관련 업체들의 경쟁도 치열하게 전개되고 있다.

그러면 전 세계 음악애호가들이 인종과 나이를 가리지 않고 MP3P에 열광하는 이유는 무엇일까? 이 책은 이러한 질문에 답하고자 쓰였다.

내가 MP3P에 관심을 갖는 데에는 몇 가지 특별한 이유가 있다.

우선 MP3P는 지난 1997년 말 우리나라에서 처음 개발되어 최근 신세대 청소년들의 일상생활에 없어서는 안 되는 '디지털 아이콘(icon, 상징)'으로 떠올랐다는 점을 꼽을 수 있다. '언제 어디서나 듣고 싶은 음악을 들을 수 있도록 해주는' MP3P가 디지털 키드들의 열렬한 호응을 이끌어낸 것이다. 이들의 표현을 빌리면 "(MP3P를 보는 순간) 필이 꽂히고, 지름신이 내리는" 상황이 연출되고 있다.

둘째로 MP3P는 하드웨어(HW) 단말기와 소프트웨어(SW), 콘텐츠가 결합된 디지털 문화상품이라는 점이다. 이에 따라 그동안 음악재생기와 콘텐츠(음악)가 엄격하게 분리되었던 음악 비즈니스 환경도 엄청난 변화를 겪고 있다. 전문가들은 MP3P 개발이 디지털 음악뿐만 아니라 디지털 단말기 역사에서도 가장 중요한 '분수령'이 될 것으로 전망하고 있다.

더욱 중요한 것은 우리나라 벤처기업가들이 이러한 변화의 중심에 서 있다는 점이다. 이는 IT 발전 역사를 통틀어 우리나라 (벤처)기업들이 기술혁신을 이끌어내는 데 가장 크게 기여한 분야로 평가받고 있다.

이들의 활약상을 기록으로 남겨야겠다고 결심한 것이 'MP3P 비즈니스’를 다루는 책을 쓰게 된 세 번째, 그러나 내심 가장 중요하게 생각하는 이유다.

나는 이 책을 쓰기 위해 세계 최초로 MP3P를 개발한 황정하 전 디지털캐스트 사장부터 찾아나섰다. 그는 1997년 초 MP3P 시제품을 개발해 벤처업계 스타로 떠올랐지만, 그 뒤 사람들의 기억에서 잊혀졌다. 나는 수서동에 있는 그의 사무실을 두 차례 방문해 MP3P를 개발하게 된 배경과 그 후의 성과에 대해 취재했다.

황 사장은 시제품 개발에 이어 새한정보시스템과 손잡고 상용제품을 공동으로 개발하는 데 성공했다. 합동 연구팀은 1997년 말 디지털 음악 12곡을 저장할 수 있는 MP3P(MP맨)를 개발했고 그 이듬해 3월 독일에서 열린 세빗 전시회에 출품, 큰 관심을 끌었다. 이들의 노력에 힘입어 우리나라는 ‘MP3P 종주국’으로서 한때 세계 시장을 주도하기에 이르렀다. 새한 외에도 레인콤, 코원 등의 업체들이 MP3P 시장에서 ‘메이드 인 코리아’의 명성을 높였다. 이들의 활약상은 당시 국내외 신문에 자세하게 소개되어 있다.

그러나 아쉽게도 이러한 상황은 오래가지 못했다. 스티브 잡스가 이끄는 애플이 2001년 MP3P 시장에 진출한 후 상황이 180도 바뀌었기 때문이다. 즉, 우리나라 기업들은 디자인과 브랜드에서는 애플에, 그리고 가격경쟁에서는 중국 업체들에 밀려 점차 샌드위치 신세로 전락하고 만 것이다.

우리나라 업체들은 이를 극복하기 위해 최근 새롭게 떠오르는 디지털 단말기인 네트워크 게임기(레인콤)와 PMP(거원) 등의 분야로 눈을 돌리고 있다. 과연 이들이 차세대 디지털 미디어 전쟁에서 옛 영광을 되찾을 수 있을까? 이 책이 독자들에게 던지는 화두다.

MP3P로 대표되는 디지털 미디어 분야는 이제 막 동이 트는 시장이라고 할 수 있다. 따라서 앞으로 누가 이 시장의 주도권을 잡을 것이라고 성급하게 전망하는 데는 큰 위험부담이 따른다.

나는 MP3P와 PMP(휴대용멀티미디어플레이어) 등 차세대 디지털 미디어의 발전방향과 시장판도 등에 대해 다양한 전문가들이 분석한 내용을 소개하는 데 주력할 계획이다. 물론 필요할 경우 나름대로 나의 의견도 덧붙일 생각이다. 그러나 최종 판단은 어디까지나 독자들의 몫이다.

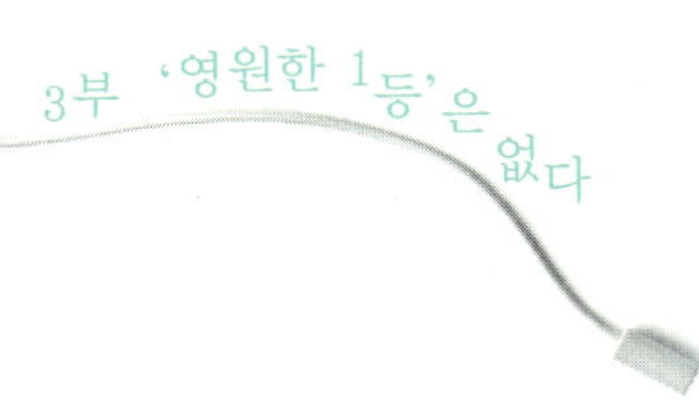
3부 '영원한 1등'은 없다

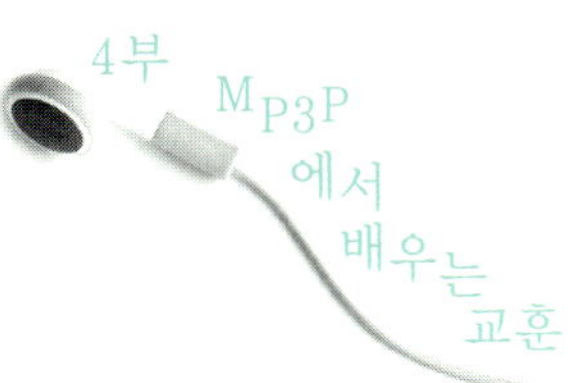
4부 MP3P에서 배우는 교훈

1부 새로운 문화·비즈니스의 탄생

MP3P는 크기가 작은 것은 가로 세로 폭이 각각 2~3cm, 그리고 큰 것이라도 대부분 세로 길이가 7cm를 넘지 않는다. 또 무게도 20~50g에 불과하다. 이처럼 조그만 전자장치가 도시생활에 찌든 영혼을 달래주는 도구가 될 것이라고 과거에 누가 상상이나 했을까?

MP3P는 지금으로부터 11년 전(1997년), 우리나라의 한 젊은 엔지니어(황정하 전 디지털캐스트 사장)가 최초로 개발했다. 이를 계기로 음악을 소비하는 방식에 혁명적인 변화가 일어났다.

MP3P의 특징으로는 언제 어디서나 디지털 음악을 감상할 수 있다는 점을 꼽을 수 있다. 이에 따라 종주국인 우리나라뿐만 아니라 전 세계 음악애호가들 사이에서 폭발적인 인기를 끌고 있다. 지난해 전 세계 시장에서 판매된 MP3P는 무려 1억 2,000여만 대. 단순한 판매숫자보다 더 중요한 것은 이 조그만 기기가 새로운 문화·비즈니스 탄생의 밑거름이 되고 있다는 점이다.

MP3P, 새로운 문화·비즈니스의 탄생

'다이내믹 코리아(활력이 넘치는 나라, 대한민국)', '얼리어댑터들의 천국'.

이것이 바로 외국인들이 바라보는 우리나라의 모습이다. 이러한 국가 브랜드를 만드는 1등 공신은 외신 기자들과 다국적 기업 또는 상사에서 일하는 주재원들이다.

이들은 주로 서울에 살면서 IT의 영향으로 빠르게 변하는 우리나라의 모습을 해외에 전하고 있다. 전국 어디에서나 초고속인터넷과 3세대(3G) 이동통신(휴대폰)을 사용하는 것은 이들 이방인의 눈에는 놀라움 그 자체일 것이다.

우리나라 정보기술(IT)이 처음으로 국제무대에서 화제가 되었던 것은 2001년 1월 스위스에서 열린 다보스 포럼에서였다. 빌 게이츠 마이크로소프트(MS) 회장은 '인터넷의 미래'를 주제로 한 토론에서 초고속인터넷과 이동통신 등 IT를 활용하는 수준을 비교하면서 "한국이 세계 최고"라고 극찬했다.

그는 이어 "IT가 미래 우리 생활에 어떠한 영향을 미칠지 궁금한 사
람들은 한국을 방문하라"고 권했다. 그의 발언은 큰 관심을 끌었다. 당
연히 로이터통신과 CNN 등 외신이 이를 전 세계에 전했고 이는 다시 해
외 특파원들을 통해 국내에도 소개되었다.

나는 당시 ≪전자신문≫ 국제부에서 일하면서 이와 관련된 기사를
여러 개 썼던 기억이 지금도 생생하다. 그중 하나를 소개한다.

□ 빌 게이츠, "무선 인터넷과 휴대폰은 찰떡궁합"

이번 다보스 포럼의 하이라이트는 단연 29일(현지시각) 토론이었다.
빌 게이츠 마이크로소프트(MS) 회장이 이날 아침 '정보통신(IT) 기술의
융합'이라는 주제발표를 한 것을 시작으로 온라인 저작권, 정보격차 등 인
터넷과 관련된 다양한 주제에 대한 토론이 하루 종일 계속됐다.

먼저 빌 게이츠 MS 회장이 이데이 노부유키 소니 사장과 가진 '인터넷
의 미래'를 주제로 한 토론에서 "무선 인터넷과 휴대폰이 곧 결합할 것"이
라고 주장해 큰 관심을 끌었다. 게이츠는 또 "개인이 디지털 정보를 주고
받는 단말기(PDA)의 형태는 앞으로 2~3년 동안 계속해서 휴대폰이 맡게
될 가능성이 높다"고 전망했다.

게이츠는 이어 "지난 몇 년간 인터넷을 통한 실시간 커뮤니케이션이
폭발적으로 늘어났다"며 "그 대표적인 예가 바로 냅스터(Napster)의 무료
음악파일 제공"이라고 지적했다.

이에 대해 이데이 노부유키 사장은 "냅스터의 예는 소비자 또는 인터
넷 이용자들이 최근 회사보다 더 큰 힘을 갖게 됐음을 입증한다"며 "인터
넷은 일종의 '권력이동'을 초래했다"는 점을 강조했다.

그러나 빌 게이츠와 이데이 노부유키 두 사람은 "앞으로 인터넷 발전
과정에서 반드시 해소해야 할 과제가 바로 저작권 문제"라는 데에는 견해
를 같이했다. 특히 음악 관련 거대 기업인 일본의 소니나 독일 출판사인

베르텔스만과 같은 회사들은 자사 저작물이 인터넷을 타고 무료로 일반
에 배급될 가능성과 관련해 저작권 보호 여부에 따라 이들 회사의 사운이
달려 있다고 지적했다.[1]

이를 계기로 해외 유수 매스컴들은 앞 다투어 우리나라를 '미래의 IT
실험실'이라고 평가하는 기사를 내보냈다. 이들 중에 미국 경제주간지
≪포천(Fortune)≫이 "브로드밴드 신천지(Broadband Wonderland)"(2004
년 9월 20일)라는 르포기사를 게재해 관심을 끌었다. ≪포천≫은 이 기
사에서 "한국이 디지털 미래를 이끌 주역이 될 것"이라고 전망했다.

우리나라 IT를 소개하는 책도 잇달아 발간되고 있다. 일본 이토추 철
강의 오카자키 세이노스케 사장이 쓴 『한국은 지금』(동아일보 출판부)도
그중의 하나다. '활력이 넘치는 IT 선진국'이라는 부제에서 보듯이 이
책은 일본 상사맨의 눈에 비친 우리나라의 모습을 그리고 있다.

그러나 정작 우리는 이러한 변화에 둔감하다. 우선 나부터가 그렇다.
약 20년 동안 전자 및 IT 관련 분야를 취재해 기사를 써왔지만 나 자신
도 IT 확산으로 일어나는 정치·경제·사회·문화 전 분야의 변화의 폭과
깊이를 아직 제대로 파악하지 못하고 있다.

그런데 나는 최근 '빛의 속도로 변하는' 우리나라의 진면목을 확인할
기회를 가졌다. 그것은 뜻밖에도 전철 안에서 이루어졌다. 여름휴가가
한창이던 지난해 8월 어느 날, 대학로에서 친구를 만난 후 밤 9시쯤 집
으로 돌아오는데 100여 명의 승객이 타고 있는 전철의 객차 안이 너무
도 조용한 것 아닌가? 예전 같으면 청춘남녀들이 떠들어대는 이야기 소

---

[1] http://www.etnews.co.kr/news/detail.html?id=200101300170

리로 왁자지껄했을 텐데 무슨 까닭일까, 하며 주위를 둘러본 나는 깜짝 놀랐다.

객차 안의 분위기를 바꿔놓은 것은 다름 아닌 각종 디지털 단말기였다. 현대인들의 필수품이 된 휴대폰을 비롯해 위성DMB(디지털멀티미디어방송수신기), PMP(휴대용멀티미디어플레이어), MP3플레이어(MP3P) 등이었다.

더욱이 휴대폰의 주 용도가 더 이상 전화통화가 아니라는 것을 두 눈으로 확인한 것도 신선한 충격이었다. 이날 객차 안에는 휴대폰으로 문자를 주고받거나 게임을 즐기는 청춘남녀들이 (전화 통화를 하는 사람들보다) 더 많았다. 또 다른 승객들은 DMB나 PMP로 방송과 영화, 게임 등을 즐겼고, MP3P로 음악을 듣는 승객도 상당수에 달했다. 그 때문에 객차 안은 쥐 죽은 듯 조용했다. 100여 명의 승객이 타고 있다는 것이 도무지 믿기지 않았다.

이날 내게 가장 강한 인상을 남겼던 것은 MP3P로 음악을 듣고 있던 승객들이다. 이들의 편안한 얼굴표정에서 전철은 더 이상 피곤한 몸을 의탁하는 공간이 아니라 '달리는 음악 감상실'로 변해 있었다. IT가 바꿔놓은 우리 생활의 변화를 이보다 더 극적으로 보여주는 장면이 있을까?[2]

---

[2] 초고속인터넷과 이동통신(휴대폰)으로 대표되는 정보기술(IT)은 이미 우리 일상생활 깊숙이 침투해 있다. 휴대폰을 사용하면서 겪은 에피소드를 묶은 『고객이 만든 현대생활백서』(SK텔레콤, 2005)를 보면 휴대폰의 용도는 무려 360여 가지에 달한다. 또 휴대가전의 보급이 확산되면서 지하철 풍속도가 얼마나 달라졌는지 궁금하다면 ≪전자신문≫에 게재된 기사가 큰 도움이 될 것이다("지하철은 휴대가전 경연장", http://www.etnews.co.kr/news/detail.html?id=200512080101). 영어권에서 발간된 책 중에는 세계적인 정보기술 저술가 하워드 라인골드가 쓴 『참여군중』(황금가지, 2003)

MP3P는 크기가 작은 것은 가로 세로 폭이 각각 2~3cm, 그리고 큰 것이라도 세로 길이가 대부분 7cm를 넘지 않는다. 무게도 20~50g에 불과하다. 이처럼 조그만 전자장치가 도시생활에 찌든 영혼을 달래주는 도구가 될 것이라고 과거에 누가 상상이나 했을까?

MP3P는 지금으로부터 11년 전(1997년), 우리나라의 한 젊은 엔지니어(황정하 전 디지털캐스트 사장)가 개발했다. 이를 계기로 음악을 소비하는 방식에 혁명적인 변화가 일어났다.

MP3P의 특징으로는 언제 어디서나 디지털 음악을 감상할 수 있다는 점을 꼽을 수 있다. 이에 따라 종주국인 우리나라뿐만 아니라 전 세계 음악애호가들 사이에서도 폭발적인 인기를 끌고 있다.

지난해 전 세계 시장에서 판매된 MP3P는 무려 1억 2,000여만 대에 달한다. 새로운 제품이 개발된 지 11년 만에 이토록 거대한 규모의 시장을 창출한 것은 "'산업 역사상' MP3P가 처음"이라고 마케팅 전문가들은 평가하고 있다.[3]

전 세계 음악애호가들이 MP3P에 열광하는 이유는 무엇일까? 먼저 이들의 이야기를 직접 들어보기로 하자.

❑ 직장인 황재연 씨

국내 MP3P 사용자들이 가장 많이 모이는 곳이 있다. 바로 네이버에

을 빼놓을 수 없다. 이 책은 휴대폰이 과거 슈퍼컴퓨터와 맞먹는 연산능력을 갖게 되면서 현대 사회를 얼마나 크게 변모시키고 있는지 다양한 사례를 걸들어 설명하고 있다.

3 IDC 보고서, 「세계 MP3P 시장전망」(2005~2010년).

개설된 인터넷 카페(http://cafe.naver.com/mp3.cafe)다. 이 카페를 운영하는 황재연 씨는 평범한 직장인.

2003년 말 그가 네이버에 개설한 카페는 MP3P에 대한 정보를 교환하는 사랑방으로 큰 인기를 끌고 있다. 현재 회원 수만 1만 8,000여 명이며 하루 평균 방문객도 200명 선을 기록하고 있다.

이 카페는 황 씨의 분신이나 마찬가지다. 이곳을 방문하는 회원들은 그에게는 고객이다. 그는 회원들을 극진히 모신다. 카페 회원들을 위해 MP3P와 관련된 국내외 뉴스를 올리는 것은 물론이고 사소한 질문에도 정성껏 답해준다.

카페 회원들과 토론하다 보면 어느새 새벽이 되기 일쑤다. 힘들지 않느냐는 질문에 "이 일을 하는 동안은 세상의 모든 근심과 걱정이 눈 녹듯이 사라진다"며 "오히려 생활의 활력소가 되고 있다"고 설명한다.[4]

황 씨가 MP3P에 관심을 갖게 된 계기는 우연한 기회에 찾아왔다. "병역을 마치고 친구들과 어울리는데, 친구들이 가지고 있는 MP3P를 보는 순간 나도 (MP3P를) 하나 마련해야겠다는 생각이 들었다"고 한다. 처음에 100여 종이 넘는 제품 중에 어떤 것을 살까 고민한 것이 MP3P에 대해 공부하는 계기가 되었다.

그는 인터넷 쇼핑몰에 진열된 상품들을 보고 나면 꼭 해당 회사 홈페이지에 들어가 제품에 대한 정보를 찾아봤다. 또 전자상가에 가서 실물

네이버 MP3 카페(http://cafe.naver.com/mp3.cafe)

4 황 씨는 지난 2006년 5월 대학로에서 두 차례 만나 인터뷰했다. 그 후에도 e메일로 MP3P에 대해 의견을 나누고 있다. 황 씨는 최근 "호주에서 영화를 공부하기 위해 출국한다"고 근황을 알려왔다.

삼성전자 YP-T5. 초소형으로 휴대성을 살렸다.

을 보고 기능을 확인하는 것도 잊지 않았다.

이렇게 하기를 1년. 황 씨는 "당시 하루 평균 4~5시간을 MP3P를 연구하는 데 투자했다"고 말한다. 그리고 네이버 지식검색 코너 '지식iN'에 네티즌들이 올린 질문을 보고 새벽 3~4시까지 답변을 올려 이 분야 최고의 전문가로 인정받았다. 그때의 쾌감은 지금 생각해도 짜릿하다고. 이를 잊지 못해 네이버에 카페를 개설, "팔자에도 없는 커뮤니티 운영자가 됐다"고 자랑한다.

황 씨가 처음으로 MP3P를 손에 넣은 것은 2003년 9월이다. 기종은 레인콤의 '아이리버 iFP190'. 그는 그 후 새로운 기능의 MP3P가 나올 때마다 구입해 현재 13개나 가지고 있다. 이 중에 그가 가장 애착을 갖고 있는 제품은 삼성전자의 '옙 YP-K3'다. 이를 포함해 '옙 YP-T5'와 '아이리버 iFP1090' 등 5~6개 제품을 번갈아가며 사용하고 있다.

황 씨는 신제품을 사면 기능을 익히기 위해 일주일 정도 매달린다. MP3P를 직접 뜯어보고 다시 조립한 적도 셀 수 없이 많다. 그리고 이를 통해 터득한 지식을 여러 사람들에게 나눠주고 있다.

황 씨가 구입한 MP3P에는 공통점이 있다. 바로 사용이 편리하고 음질이 우수하다는 것이다. 그는 "음악을 더 가까이 하기 위해 MP3P를 찾기 때문에 사진, 녹음, 동영상 등의 부가기능에는 별로 관심이 없다"고 설명한다.

황 씨가 돈 한 푼 안 생기는 카페운영을 계속하는 이유는 무엇일까. 그는 "책임감"이라고 답한다. "나의 답변이 회원들에게 큰 영향을 미치는 것을 보면서 점점 더 책임감을 느끼게 된다"고 덧붙였다.

전남 광양에 살고 있는 강신욱 군은 전형적인 디지털 키드다. 새로운 기능을 가진 MP3P가 개발되면 꼭 사고야 만다. 그의 재산목록 1호는 레인콤 MP3P '아이리버 iFP-390'.

강 군은 지금도 처음으로 MP3P를 가졌을 때의 감격을 잊지 못한다. "부모님이 2003년 가을 생일선물로 '아이리버 iFP-390'을 사주셨는데, 그 후 어디를 가더라도 이 제품부터 챙기는 버릇이 생겼다"고 블로그에 털어놓을 정도다.[5]

이제 '아이리버 iFP-390'은 강 군에게 없어서는 안 되는 최고의 '디지털 친구'다. 깜찍하게 생긴 디지털 단말기 한 대가 고독을 달래주는 음악친구인 동시에 공부를 도와주는 도우미(강의 녹음기), 그리고 패션 액세서리의 세 가지 역할을 모두 훌륭하게 해내고 있다.

강 군이 아이리버를 개발한 회사 레인콤의 열성적인 팬이 된 것은 당연한 결과다. 강 군의 아이리버 사랑은 그가 레인콤 홈페이지에 올려놓은 4행시에서도 잘 드러난다.

아: 아이리버와 모두가 함께하는 세상.
이: 이런 세상이 언젠가 오겠죠? 아이리버 게시판에서는,
리: 리플이 필수인 것 아시죠. 세계적인 뉴스가 곧 나온대요.
버: 버림받은 애플(?!), 아이리버에게 MP3P 시장 선두자리를 내주다,
　　　라고 전하는…….

---

5 이 블로그(http://club.iriver.co.kr/c_board.asp)는 아이리버 커뮤니티 사이트에 개설되었으나 최근 사이트 개편으로 폐쇄되었다.

우리나라 업체들이 MP3P '종주국'이라는 프리미엄을 업고 한때 세계 시장을 주도했던 것도 결코 우연이 아니다. 이들과 같은 MP3P 사용자들의 열렬한 지원이 있었기 때문에 가능했다.

이들은 새로운 제품이 나오기가 무섭게 구입해서 써본 후에 사용기를 인터넷에 올리는 '홍보 도우미'의 역할을 자청했다. 그러나 우리나라 MP3P 사용자들의 충성도는 애플 아이팟 사용자들과 비교하면 오히려 한 수 아래다.

아이팟 사용자들의 충성도는 우리의 상상을 초월한다. 정보기술 전문잡지 ≪와이어드≫[6] 기자인 리앤더 카니가 최근에 펴낸 책『컬트 브랜드의 탄생 아이팟(The Cult of iPod)』에서는 이들을 '광신도'에 비유할 정도다.

아이팟은 열렬한 신도들의 포교활동에 힘입어 최근 전 세계 시장에서 불티나게 팔려나가고 있다. 다양한 사용자들이 첫눈에 반하는 아이팟만의 매력은 무엇일까?

❏ 이찬진 드림위즈 CEO

이찬진 드림위즈 CEO는 한국에서 활동하는 아이팟 전도사라고 할 수 있다. 이 사장의 아이팟 사랑은 최근 부산 동명정보대학에서 가진 강연에서도 잘 드러난다. 그는 이 강연에서 "아이팟 덕분에 학교를 졸업한 후 잊고 지냈던 음악을 다시 들을 수 있게 됐다"며 고마워했다.

이 사장은 이어 "아이팟은 이제 나의 생활에서 뗄 수 없는 일부분이

<hr>

[6] http://www.wired.com.

되고 있다"고 소개했다. "실제로 집과 사무실에 있을 때는 물론 운전과 등산 등 운동을 할 때에도 음악을 즐기고 있다"고 덧붙였다.

당연히 새로운 아이팟 모델이 나올 때마다 1~2개씩 구입해 사용하고 있다. 이 사장이 현재 보유하고 있는 단말기만 20여 개. "그중에 음악 약 1,000곡을 저장할 수 있는 하드드라이브(20G) 방식의 대용량 MP3P 인 아이팟 외에 중(아이팟미니)·소(셔플)용량 모델을 포함해 총 5개를 번 갈아 들고 다니며, 언제 어디서나 디지털 음악을 듣는다"고 설명했다.

□ 패션 디자이너 칼 라거펠드·록그룹 U2

프랑스 파리에서 활동하는 패션 디자이너 칼 라거펠드의 아이팟 사 랑도 유명하다. 그가 보유하고 있는 아이팟은 무려 70여 개. 유럽 곳곳 에 호화로운 별장을 가지고 있는 라거펠드는 CD음반에 담긴 음악 6만 여 곡을 모두 MP3 파일로 바꿔 아이팟에 저장해두고 시간이 날 때마다 음악을 감상한다. 그는 또 아이팟을 보관하는 가방과 옷, 그리고 다양한 액세서리 제품을 디자인해 판매한다.

아일랜드의 록그룹 U2도 아이팟의 든든한 후원자를 자처하고 있다. 이들은 2004년 10월, 그룹 활동을 시작한 후 발표한 노래 400여 곡(앨범 16장)을 모두 아이팟에 담아 판매했다. 이는 세계 최초로 디지털 주크박 스에 담아 판매하는 '음악컬렉션'으로 기록되었다. 특히 U2의 아이팟 지원은 대부분의 음악가들이 온라인 음악을 적대시하는 분위기를 180 도 바꿔놓았다는 점에서 더욱 큰 관심을 모았다.

U2의 리드 싱어 보노(Bono)를 비롯해 기타리스트 디 엣지(The Edge), 드러머 레리 뮬렌(Larry Mullen)은 이를 기념해 가진 기자회견에서 "애플 이 도탄에 빠진 음악 산업을 살린 구세주"라고 극찬했다. U2 멤버들은

돈 한 푼 받지 않고 아이팟 광고 제작에도 적극 참여해 관련 업계를 깜짝 놀라게 했다. 이들의 지원 덕분에 애플이 2001년 처음 내놓은 아이팟은 현재 전 세계 시장의 약 60%(하드디스크드라이브 시장의 약 80%, 플래시메모리 시장의 약 50%)를 점하고 있는 초대형 베스트셀러 제품으로 떠올랐다. 최근 아이팟의 인기는 본고장인 미국뿐만 아니라 유럽과 일본의 소비자들 사이에서도 높아지고 있다.

이들의 사례가 우리에게 주는 교훈은 무엇일까. 이는 두 가지로 정리할 수 있다. 먼저 지적할 것은 MP3P는 단순한 디지털 기기의 범위를 뛰어넘어 '새로운 문화현상'을 낳고 있다는 점이다.

이러한 문제와 관련, 영국 ≪인디펜던트≫ 신문이 재미있는 사례를 소개해 관심을 끈다. 최근 영국 런던의 젊은이들 사이에서는 시끄러운 클럽에 가는 대신 길거리에 모여 춤을 추는 것이 큰 인기라는 것. 길거리 풍경을 바꿔놓은 주역은 역시 아이팟이다. 런던의 젊은이들은 각자 자신의 아이팟 음악에 맞춰 몸을 흔들어댄다고 ≪인디펜던트≫ 신문은 전했다. 이에 따라 클럽에서 음악을 들려주던 'DJ(디스크자키)'는 이제 찾아보기 어렵게 됐다고 이 신문은 덧붙였다.[7]

둘째로는 이러한 변화가 하드웨어와 소프트웨어, 콘텐츠가 결합된 '새로운 디지털 비즈니스'의 탄생으로 이어지고 있다는 점이다.

이제 음악은 콤팩트디스크(CD)에 담겨 판매되기보다는 MP3 파일로 바꿔 인터넷과 휴대폰, MP3P 등으로 감상하는 것이 대세가 되고 있다. 이를 활용해 최근 미국에서는 시간이 부족한 전문직 종사자들을 대상으로 아이팟에 MP3 음악을 녹음해주는 비즈니스가 큰 인기를 끌고 있다.

이제 MP3P는 음악의 생산만 빼고 편집과 유통, 그리고 마지막 재생까지 전 과정을 수행하면서 도시 생활에 지친 현대인들의 친구로 떠올랐다.

전 세계 기업들이 속속 MP3P 시장에 진출하는 것은 오히려 자연스런 현상으로 풀이된다. 이들에게 MP3P는 경쟁이 없는 '푸른 바다', 즉 '블루오션'으로 인식되고 있다. 이 시장에서 성공하면 무명 벤처기업도 단숨에 초일류 글로벌 기업이 될 수 있는 반면, 기회를 놓치면 지금 정상을 달리는 기업도 위기에 처할 수 있다.

그러나 '푸른 바다'는 교과서에나 존재하는 것. 최근 기업들의 진출이 늘어나면서 MP3P 시장의 경쟁도 뜨겁게 달아오르고 있다. 이른바 치열한 가격경쟁이 벌어지는 '붉은 바다(레드오션)'로 급변하고 있는 것이다.

한 치 앞도 내다볼 수 없는 MP3P 시장에서 최후의 승자는 누가 될까?

레인콤의 성공과 좌절

1. IT 선진국, 벤처 최고의 무대

우리나라에서 초고속인터넷을 사용하는 사람은 3,300여만 명이다.
휴대폰 가입자는 3,800여만 명이다. 이는 각각 전 인구의 73%, 81%를
차지한다.[1]

첨단 IT를 사용하는 환경을 보면 우리나라는 세계 최고 수준이다. 당
연히 이러한 IT 환경을 이용해 새로운 개념의 디지털 제품과 서비스를
만들어 판매하려는 노력도 활발하게 일어나고 있다.[2] 그중 몇몇은 전

---

[1] 정보통신부 보고서, 「IT산업 어제와 오늘」, 2006년 4월 20일.
[2] 이에 대해서는 국내보다 해외 언론에서 더 높게 평가하고 있다. 미국 경제주간지
《포천》은 "브로드밴드 신천지(Broadband Wonderland)"(2004년 9월 20일자)라
는 르포 기사에서 전국을 연결하는 초고속인터넷과 이동통신이 만들어 내는 정치·경
제·사회·문화 등의 변화상을 자세하게 소개해 눈길을 끌었다. 《포천》은 "한국에서
는 초고속인터넷과 이동통신망이 상하수도나 전기와 같은 사회 기반시설로 인식되고

세계 IT 판도를 바꾸는 '킬러 애플리케이션(killer application, 대박상품)'으로 발전하기도 한다.

그 대표적인 사례로 온라인게임과 MP3P를 들 수 있다. 이들은 각각 1990년대 중·후반 우리나라에서 처음 등장해 국내 소비자들에게 1차 검증을 거친 후 전 세계에 보급되어 큰 성공을 거뒀다.

이러한 비즈니스는 보수적인 대기업보다 발 빠르게 틈새시장을 공략하는 벤처기업이 상대적으로 유리하다. 따라서 우리나라 IT 시장은 벤처기업 종사자들이 마음껏 기량을 펼칠 수 있는 '세계 최고의 무대'라고 할 수 있다.

올해로 11년째를 맞는 MP3P의 역사가 이를 입증해준다. MP3P는 지난 1997년 황정하 전 디지털캐스트 사장이 세계 최초로 개발했다. 그러나 이 제품이 전 세계 오디오 및 음반시장의 판도를 바꾸는 '태풍의 핵'으로 등장할 것이라고 예견한 사람은 없었다.

당시만 해도 MP3P는 기존 제품(CD플레이어)에 비해 음질이 뒤떨어졌고 사용법도 어려웠다. 여기에 불법적으로 유통되는 MP3 음악에 대한 부정적인 인식을 바꾸는 것도 관련 업계가 풀어야 할 큰 숙제였다. 이에 따라 MP3P 시장은 보수적인 대기업보다는 틈새시장을 개척하는 중소 벤처기업들의 차지가 되었다.

우리나라 벤처기업들이 'MP3P 종주국'의 프리미엄을 업고 초기에 MP3P 세계 시장을 주도할 수 있었던 것도 바로 이러한 이유 때문이다. 이는 새로운 것에 도전하는 벤처기업만이 누릴 수 있는 '특권'이다. 우

있다"며 놀라워했다. 또 "미국의 초고속인터넷 보급률은 아직 [illegible] 대해 [illegible] 있다"며 "이와 비교하면 한국의 IT환경이 얼마나 우수한지 이해할 수 있다"고 설명했다.

리나라 MP3P 1위 업체 레인콤은 그 선두에 서 있는 기업이다.

이에 따른 보상은 엄청났다. 레인콤은 창업 5년 만에 전 세계 (플래시 메모리) MP3P 시장을 휩쓸며 매출액 4,500여억 원을 올리는 벤처기업으로 성장했다. 그러나 레인콤은 최근 '애플 쓰나미'에 밀려 고전하고 있다. 레인콤이 창업과 초고속 성장, 그리고 최근 경영위기를 맞게 된 원인은 무엇일까?

2. 위기를 기회로

레인콤은 1999년 설립되었다. 당시 우리나라는 국제통화기금(IMF)의 도움을 받아 최악의 '국가 부도' 상황을 간신히 막고 있었다. 기업들은 잇달아 부도를 냈고 회사원들이 무더기로 길거리로 쏟아져 나왔다. 또 살아남은 기업들도 구조조정을 단행, 감원 바람이 불었다. 정부가 일자리 만들기를 최우선 정책과제로 채택한 것도 이때부터다. 반면 세계 경제는 새로운 밀레니엄(21세기)에 대한 기대로 호황을 구가했다. 이를 반영해 IT 투자도 최고조에 달했다.

한마디로 '불확실성의 시대'였다. 대부분 이를 위기로 받아들였지만 그 속에 숨겨진 기회를 발견한 사람도 있었다. 바로 벤처 창업자들이다. 1990년대 말에는 우리나라에서도 벤처 창업이 활발하게 이루어졌다.

양덕준 사장도 그중 하나다. 그는 안정적인 직장(삼성전자 이사)을 박차고 나와 창업을 선택했다. 바로 레인콤이다. 20년 동안 '삼성맨'으로 살았던 양 사장에게 창업은 운명적인 만남이었던 것 같다. 그는 창업을 결심한 이유를 이렇게 설명한다.

"언젠가 디지털 쪽에 큰 변화가 올 것이라고 생각했다. 그것도 혁명적인 판도 변화 말이다. 외환위기(IMF) 때가 바로 그 시점이었다."[3]

레인콤은 엔지니어링 회사로 출발했다. 삼성전자 등 대기업을 대상으로 기술개발 서비스를 제공하는 회사였다. 그러나 우리나라 대기업들이 기술의 가치를 제대로 인정해주지 않는 것을 확인한 뒤, 일반 소비자들을 위한 제품을 만들어 팔기로 했다. 여러 가지 제품을 검토한 끝에 MP3P를 선택했다.

레인콤이 업계의 관심을 끈 것은 2000년 9월, 미국 소닉블루와 협력관계를 맺으면서부터다. 레인콤에서 개발한 MP3P 시제품을 보고 만족한 소닉블루가 ODM(공급업체가 신제품 개발 및 생산을 담당) 방식으로 MP3P를 공급해 미국 등 전 세계 시장에 '리오'라는 브랜드로 판매하자고 제의, 두 회사가 계약을 체결한 것이다.

당시 소닉블루는 미국 MP3P 시장에서 큰 인기를 끌고 있었다. 이 회사와 계약이 체결되자 레인콤의 미래에도 서광이 비치기 시작했다. 그러나 물건 납품 마감 시한이 3개월밖에 남지 않은 상황이었다. 다행히 연구개발과 함께 공장설립을 동시에 추진하는 강행군 끝에 다음해 1월 제품을 실어 보낼 수 있었다. 그러나 기쁨은 오래가지 못했다. 소닉블루와의 협력관계에 조금씩 금이 가기 시작했다. 만 1년여 동안 깔끔하게 거래하던 소닉블루가 대금결제를 미루기 시작했다. 레인콤이 70억 원어치나 제품을 공급했는데도 소닉블루 측은 대금을 제대로 지급하지 않았다.

---

3 전창협, 『대박은 어떻게 만들어지는가』(서울: 위즈덤하우스, 2004), 105~133쪽.

레인콤에 위기가 찾아왔다. 자금이 들어오지 않자 더 이상 MP3P를 만들 부품을 구입하지 못할 지경에 이른 것이다. 또 다른 선택이 필요한 순간이었다. 2002년 봄, 양 사장은 회사의 운명을 바꿔야 하는 난관에 봉착했다.

"지금 생각하면 소닉블루가 대금지급을 미뤘던 이유가 단순히 자금문제만은 아니었던 것 같다. 소닉블루와 계약할 때 1년 정도만 ODM으로 하고 그 후에는 '아이리버'라는 우리 브랜드로 공급하겠다는 조항이 있었다. 아이리버의 급성장을 두려워한 소닉블루가 강력하게 견제한 것이다."

결단을 해야 하는 순간이었다. 이래환 부사장과 소주잔을 기울이며 많은 이야기를 나눴다. 잠시 침묵이 흐른 뒤 나온 한마디로 레인콤의 운명이 갈렸다. "홀로 간다."

아이리버라는 브랜드를 전면에 내세워 새롭게 사업을 시작하는 순간이었다. 이러한 결정은 "더 이상 물러설 곳이 없다"는 판단에 따른 것이기도 했다. 그러나 이들 앞에 어떤 일이 펼쳐질지 아무도 예견할 수 없었다. 무엇보다도 안정적인 판로를 개척하는 것이 중요했다.

3. 벤처신화의 주인공

양 사장이 눈여겨본 것은 미국 최대 가전제품 양판점인 '베스트바이'. 미국 가전제품 판매시장의 48%를 장악하고 있던 베스트바이를 뚫지 않고서는 아이리버를 전 세계에 알릴 수 없었다.

베스트바이는 반드시 넘어야 할 산이었다. 그러나 베스트바이의 진열대는 세계 최고 제품이 아니면 명함조차 내밀기 힘들었다. 양 사장이 수차례 찾아갔지만 베스트바이 측은 채 5분도 만나주지 않았다. 신생 브랜드가 겪는 설움을 삼키며 끈질기게 접촉했지만 허탕 치기 일쑤였다.

베스트바이 입성이 늦어지자 내부에서는 다른 ODM을 찾아보자는 의견이 나왔다. 문득 양 사장은 소닉블루에서 얻은 교훈을 떠올렸다.

'자체 브랜드가 없으면 언제라도 제2, 제3의 소닉블루와 같은 사태가 발생할 수 있다.'

판매물량이 줄어들면서 마음이 흔들렸지만 뜻을 굽힐 수는 없었다. 그런데 뜻밖에 베스트바이가 "3개월 안에 기존 CD형 MP3P에 플래시메모리형을 추가해 미국 전역에 있는 500개 점포에 깔라"는 제안을 해왔다. 2002년 6월이었다. 그러나 이러한 제안은 사실상 거절이나 마찬가지였다. "한번 해보려면 하고 아니면 깨끗하게 포기하라"는 뜻이었다. 일종의 시험대였다.

여기서 양 사장 특유의 도전정신이 발휘됐다. 이왕 벼랑 끝에 선 이상 더 물러날 곳도 없었고, 이번이 아니면 또다시 기회가 찾아올 것 같지도 않았다. 양 사장을 비롯해 전 직원이 베스트바이 납품 건에만 매달렸다. 제품 개발을 위해 밤샘작업을 밥 먹듯 했던 연구원들에게는 피가 마르는 시간이었다. '3년 같은 3개월'이 지났다. 그리고 베스트바이의 모든 매장에는 '프리즘'이라는 별명을 가진 삼각형 모양의 아이리버 제품이 깔렸다.

양 사장은 베스트바이 측에 레인콤의 기술력, 생산력, 물류 시스템 등 세 가지 능력을 동시에 보여줌으로써 결국 신뢰를 얻어내고야 말았다. 신뢰의 구축은 성공의 보증수표였다.

2002년 9월부터 베스트바이에 전시된 아이리버는 2002년 38만 9,000

대, 2003년 48만 7,000대가 팔려 2년 만에 미국 시장의 22%를 차지하는 성과를 거뒀다.

레인콤은 2003년 1월 미국 라스베이거스 가전박람회(CES)에서 베스트바이로부터 전략적 협력관계를 구축하고 싶다는 제안을 받았다. 베스트바이 측과 5분도 만나지 못하고 문전박대당하던 레인콤의 위상은 어느새 180도 달라져 있었다. 이에 따라 매출액도 수직 상승했다. 레인콤의 매출액은 2002년 800억 원에 불과했으나 2003년에는 2,390억 원, 2004년에는 4,528억 원을 기록했다. 양덕준 사장은 우리나라를 대표하는 '스타' 벤처경영자로 떠올랐다. 또 '승부사'로서 양 사장의 명성도 치솟았다.

사실 MP3P는 초기에 '디지털 키드들의 값비싼 장난감'이라는 혹평을 받았다. 양 사장은 (이러한 부정적인 이미지 때문에 대기업들이) MP3P 시장참여를 주저할 때 과감하게 승부수를 던져 성공한 것이다.

세계 초일류 정보가전기업인 삼성과, 워크맨으로 지난 20여 년 동안 세계 오디오 시장을 좌지우지했던 일본 소니도 (불확실성으로 가득했던) MP3P 시장에서만은 레인콤의 위세에 밀려 차례로 나가떨어졌다. 이제 남은 상대는 단 한 회사, 바로 애플이었다. 이 회사만 물리치면 MP3P 시장이 레인콤의 손 안에 들어올 것만 같았다.

그러나 IT 명가인 애플은 결코 만만한 상대가 아니었다. 1980년대 개인용 컴퓨터(PC) 시대를 열었고 그 후 SW와 애니메이션 사업에서도 수완을 발휘한 스티브 잡스가 이끌고 있는 애플은 최근 모두가 두려워하는 회사로 부상했다.

애플이 새롭게 떠오르는 MP3P 시장을 외면할 이유가 없었다. 애플은 2001년 뒤늦게 MP3P 시장에 진출했지만 단번에 하드디스크드라이브

(HDD) 방식의 MP3P 시장을 장악했다. 이 회사의 시장점유율은 무려 90%에 달했다. 애플은 이에 만족하지 않고 호시탐탐 레인콤의 텃밭인 플래시메모리 방식 MP3P 시장을 노리고 있었다.

따라서 양 사장은 애플과 피할 수 없는 최후의 승부를 앞두고 있었다. 많은 사람들이 레인콤의 미래에 대해 우려했지만 유독 양 사장만은 자신감이 넘쳤다. 양 사장은 이미 치밀한 계산을 끝낸 뒤였다.

이는 양 사장이 2005년 1월 벤처기업협회가 개최한 세미나(주제: 벤처기업의 글로벌 사업개발, 어떻게 할 것인가)의 주제발표에서 발언한 내용 곳곳에서 감지됐다.

삼성동 COEX에서 열린 이날 행사에서 양 사장은 "MP3P 시장의 대세는 이미 플래시메모리 방식으로 기울었다"고 말하며, "애플이 전 세계 HDD 시장을 싹쓸이하고 있지만 플래시메모리 시장에서 붙으면 우리 쪽에 승산이 있다. 두고 보라"며 큰소리쳤다.[4]

그로부터 약 3년이 흘렀다. 그 결과는 어떻게 됐을까?

이에 대한 대답은 이미 독자들도 대부분 알고 있을 것이다. 레인콤을 비롯한 플래시메모리 진영과 애플 간의 대결은 애플의 일방적인 승리로 끝났다.

시장조사회사인 NPD그룹의 보고서에 따르면 2005년 1월부터 애플이 공급한 플래시메모리 MP3P인 '아이팟 셔플'의 미국 시장점유율은 6월 말을 기준으로 46%를 기록했고, 최근에는 더 상승해 50~60% 선을 유지하고 있는 것으로 나타났다.

---

[4] 확신에 차 있던 양 사장의 얼굴을 나는 지금도 생생하게 기억하고 있다.

레인콤의 아이리버 N10. 목걸이형인 이 제품은
디자인의 중요성을 잘 보여준다.

이는 그동안 플래시메모리 한 우물만 팠던 레인콤에게는 큰 재앙이 되고 있다. 레인콤은 우선 최대 수출시장(미국)을 한꺼번에 잃었다. 레인콤은 그 후유증으로 심한 몸살을 앓고 있다. 레인콤은 2005년 큰 폭의 적자를 기록했고 지난해 대대적인 구조조정을 단행했다.

최근 외부 투자를 유치해 활로를 모색하고 있는 레인콤은 다시 비상할 수 있을까?

우리나라 벤처기업의 성공모델로 떠올랐던 레인콤이 그동안 거둔 성과와 한계는 곧 우리나라 벤처기업들의 성공 가능성을 보여주는 기준이 된다는 점에서 매우 중요하다.

이를 위해 다음 질문을 던져보자. 레인콤이 (플래시메모리 방식) MP3P 시장에서 1위를 차지할 수 있었던 경쟁력은 어디에서 나왔을까? 또 애플과의 경쟁에서 무너진 레인콤의 아킬레스건은 무엇인지 살펴보자.

먼저 레인콤이 세계 MP3P 시장을 주도할 수 있었던 이유를 보면, 적절한 시기에 새로운 틈새시장에 진출한 점을 꼽을 수 있다. 이는 시장변화를 바라보는 안목과 함께 운도 어느 정도 작용했다고 할 수 있다. 물론 이는 성공을 위한 필요조건이지 충분조건이 될 수는 없다.

따라서 레인콤이 성공할 수 있었던 가장 중요한 이유도 틈새시장을 성공 비즈니스로 발전시킨 '탁월한' 경영전략에서 찾아야 할 것이다. 이는 '글로벌 경영'과 '온라인 마케팅' 두 가지로 설명할 수 있다. 이에 대해 양 사장이 2005년 1월 COEX 세미나에서 자세하게 밝혀 관심을 모았다.

레인콤이 처음으로 외부 투자를 유치한 곳은 홍콩 전자회사 AV컨셉트였다. 레인콤과 AV컨셉트는 제품생산도 홍콩 AV가 중국에 운영하고 있는 현지공장(AV체이스웨이)을 사용하는 것을 골자로 하는 전략적 제휴를 체결했다. 레인콤은 설립 때부터 이미 글로벌 기업의 원형질(DNA)을 충분하게 갖춘 셈이다. 이에 따라 회사 분위기도 다른 기업과는 상당한 차이를 보인다.

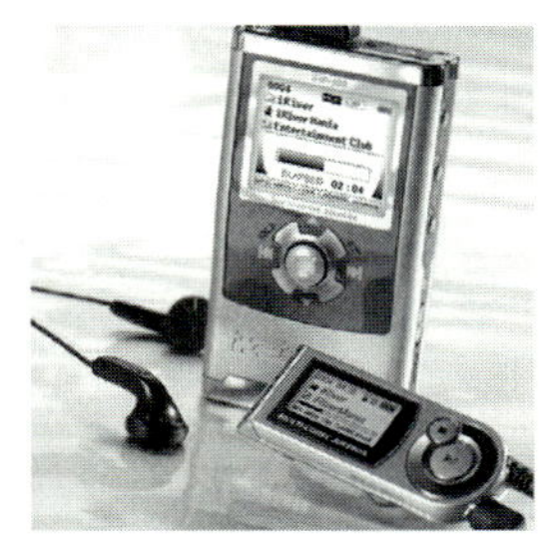

아이리버 iHP100

레인콤에서는 핵심적인 기술 개발만 우리나라에서 진행하고 그 외 SW 개발(인도)과 제품 디자인(미국), 생산(중국), 광고(한국·일본), 마케팅(한국·미국) 등을 모두 현지에서 수행했다.

이를 위해 레인콤은 지난 1999년 중국에 현지법인을 설립한 것을 시작으로 미국(2001년)과 홍콩(2002), 일본(2003), 유럽(2004) 등에도 잇달아 현지법인을 설립했다.

미키마우스 디자인으로 화제를 모았던 레인콤 제품

또 현지법인 경영도 과감하게 현지인 CEO에게 맡긴 후 일체의 간섭을 하지 않았다. 본사에서 파견한 직원은 본사와 업무를 협의하는 정도의 역할만 수행했다. 겉모습만 글로벌 기업이 아니고 중요한 의사결정이 이뤄지는 거의 모든 영역에서 글로벌 네트워크를 구축, 실제로 이를 가동했다.

그 덕분에 "빠르고 정확한 의사결정이 가능해졌다"고 양 사장은 평가한다. "이는 순발력을 생명으로 하는 벤처기업 성공의 원동력이 되었"음은 물론이다.

레인콤은 MP3P 사업에서 최고로 중요한 신제품 디자인부터 과감하게 외부 업체에 맡겼다. 양 사장은 이를 위해 실리콘밸리에 있는 한국인

아이리버 프리즘. 직사각형 일색이었던 MP3플레이어 사이에서 선풍적인 인기를 끌었다.

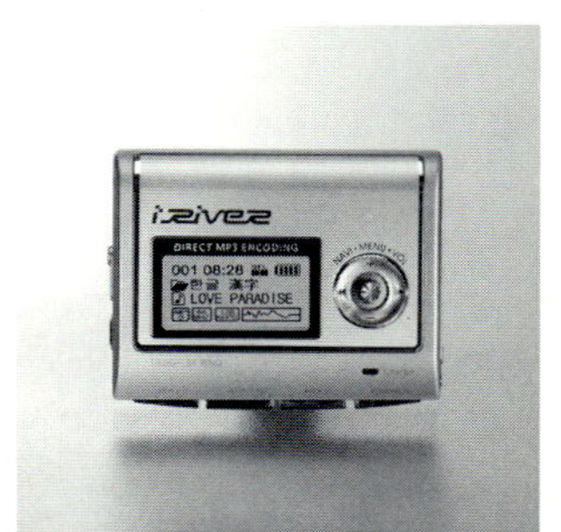

아이리버가 세계 최초로 개발한 1GB MP3 플레이어(iFP-599)

디자이너 김영세 사장(이노디자인)을 찾았다. 양 사장은 김 사장에게 "현재로선 개발비를 줄 수 없다. 품질이 뛰어나기 때문에 만들기만 하면 분명히 성공한다. 청소년들의 마음을 사로잡을 수 있는 디자인을 만들어달라"고 요청했다.

그는 대신 "'인텔 인사이드'처럼 '이노디자인이 디자인했다'는 글자를 넣어주겠다"고 약속했다. 김 사장은 양 사장의 제안을 받아들였고, 두 사람 모두 '윈-윈'의 길을 걸을 수 있었다.

이러한 과정을 거쳐 태어난 것이 바로 레인콤의 첫 번째 제품 '아이리버(모델명 iFP-1000)', 즉 프리즘이다. 이 제품은 2002년 봄 선보이자마자 10~20대 사이에서 선풍적인 인기를 끌었다.

그 전에 나왔던 MP3P는 천편일률적으로 직사각형이었다. 이에 비해 아이리버는 삼각형이었다. 이는 한마디로 충격이었다. 소비자들은 "MP3P가 이러한 모양으로도 나올 수 있구나" 하면서 감탄했다. 또 칭찬에 인색한 전문가들(마케팅)조차 "소비자 '입맛'을 훔쳤다"고 높이 평가했다.

당연히 아이리버의 인기는 치솟았다. 이를 확대 재생산한 것은 인터넷이다. 아이리버를 출시한 후 양덕준 사장은 전 직원에게 특명을 내렸다. "10~20대가 자주 찾는 포털과 온라인커뮤니티에서 아이리버 제품을 홍보하라"는 주문이었다.

양 사장은 스스로가 모범을 보였다. "아이리버 제품을 구입했는데, 품질이 좋고 디자인도 예뻐 너무 마음에 든다"는 식으로 포털 게시판에 글을 올리거나 온라인 커뮤니티에서 아이리버

알리기에 나섰다.

2002년 6월에는 '아이리버 마니아 클럽'을 따로 만들었다. 그 전에는 프리챌이나 다음과 같은 포털에서 제품별로 카페를 운영했었다. 마니아 클럽을 활성화시키기 위해 양덕준 사장이 들고 나온 전술은 '구전효과 전위부대'를 운영하는 것이었다. 즉, 500명의 마니아들(서포터스)을 선발해 이들이 자발적으로 레인콤 제품을 홍보하도록 유도하는 전략을 폈다.

자유게시판은 이들에 의해 운영됐다. 이들은 제품을 써본 후 소감이나 개선점 등을 올려놓았다. 또 '채팅' 코너를 통해 신규 고객들과 정보를 교환했다. 마니아 클럽 채팅방에서 일주일에 한 번씩 '정팅'도 가졌다. 이때는 직원도 참석했다.

또 마니아 클럽에서 제기한 목소리가 제품 개발이나 서비스 개선으로 이어질 수 있도록 레인콤은 매주 한 차례씩 회의를 열었다. 이때에는 반드시 개발자들을 참석시켰다. 그 자리에서 언제 개선할 수 있는지 결정되었고 그 사실을 곧바로 웹사이트에 올렸다. 홍보실 관계자는 "고객 요구사항에 대해 수시로 응답해주었기 때문에 마니아 클럽은 살아 움직였다"고 설명했다.

이정우 연세대 교수(정보대학원)는 "아이리버는 인터넷 마케팅이 고객들과 긴밀한 유대관계(CRM)를 맺는 차원을 넘어 고객의 마음을 읽어내는 제품 개발과 판매 채널로 활약할 수 있다는 것을 보여주는 사례"라고 평가했다.[5]

---

5 "IT경영 성공 사례(아이리버): 온라인 홍보요원 '구전효과' 톡톡", 《매경이코노미》, 2004년 6월 16일자.

이에 힘입어 레인콤은 단숨에 MP3P 시장점유율(국내) 1위를 차지했고 수출도 빠르게 늘어갔다. 이에 따라 매출액과 순이익 모두 상승했다. 실제로 레인콤은 2002년 800억 원에 그쳤던 매출액이 2003년 2,390억 원, 2004년 4,528여억 원을 기록했다. 또 같은 기간 순이익도 81억 원(2002년)에서 423억 원(2003년), 434억 원(2004년)으로 늘어났다.

양 사장은 COEX 세미나에서 "(레인콤은) 앞으로 2~3년 안에 매출액 1조 원을 돌파할 수 있을 것"이라고 전망했다. 그러나 아쉽게도 레인콤의 질주는 그곳에서 멈췄다. 매출액이 더 이상 늘어나지 않은 것은 물론이고 경상이익 등 수익성은 곤두박질치고 있다.

실제로 레인콤의 매출액은 2005년 4,393억 원을 기록한 후 2006년 1,495억 원, 2007년 1,696억 원으로 떨어졌다. 불과 1~2년 사이에 매출액이 3분의 1 수준으로 떨어진 것이다. 수익도 급격히 악화됐다. 수백억 원대 적자를 냈다. 2005년에는 356억 원, 2006년에는 698억 원의 적자가 쌓였다. 다행스러운 것은 그 이듬해에 소폭(30억 원)의 흑자로 돌아섰다는 점이다.[6]

최근 레인콤이 더 이상 뻗어나가지 못하고 '갈지(之)자' 횡보, 아니면 오히려 뒷걸음치는 이유는 무엇일까?

물론 직접적인 이유는 기술과 마케팅 능력에서 모두 한 수 위인 애플이 나타났기 때문이다. 애플은 하드웨어 단말기와 소프트웨어, 콘텐츠가 하나로 통합되는 디지털 미디어 시장에서 최근 역대 어느 기업보다도 높은 시장 지배력을 자랑하고 있다. 따라서 한국의 벤처기업 레인콤

6 「레인콤 사업보고서」 2008년 3월

이 애플과 맞서 시장을 지킨다는 것은 현실적으로 매우 어려운 과제다.

그러면 레인콤의 수성전략은 빈틈이 없었을까? 그것은 아니다.

레인콤은 두 번씩이나 큰 전략적인 실수를 저질렀다. 먼저 애플이 2001년 HDD 방식 MP3P를 내놓을 때 HDD 시장의 잠재력을 과소평가했고, 무작위로 음악을 들을 수 있는 '아이팟 셔플(랜덤 액세스 기능)'의 위력을 간파하지 못했다.

결과적으로 레인콤은 글로벌 시장의 흐름은 물론 경쟁회사의 비밀병기가 무엇인지도 전혀 눈치 채지 못한 채 전쟁에 임했던 것이 분명하다. 전문가들은 "사실상 승부는 이때 이미 결정된 것이나 마찬가지"라고 입을 모은다.

우리나라를 대표하는 벤처기업 레인콤이 이와 같은 어이없는 실수를 잇달아 저지른 이유는 무엇일까?

이 질문은 4부에서 자세하게 다룰 주제다. 4부에서는 이 문제와 함께 IT 강국인 우리나라에서 그에 걸맞은 기술혁신 제품을 개발해 세계 시장을 주도하는 기업이 나오지 못하는 배경까지 분석할 계획이다.

3장 |

애플 '쓰나미'

애플이 '아이팟(iPod)'을 내놓으며 MP3P 시장에 진입한 것은 2001년 11월이다. 이때는 이미 수백 개 회사들이 MP3P 시장에 진출해 있었다. 이들 중에 재미교포(김종문 회장)가 설립한 미국 다이아몬드멀티미디어(리오)와 싱가포르의 크리에이티브(노마드)는 각각 플래시메모리와 HDD MP3P 시장에서 탄탄한 기반을 닦아놓은 상황이었다.

후발주자인 애플은 어떻게 선발업체들을 물리치고 전 세계 MP3P 시장을 장악할 수 있었을까? 이를 위해 애플이 MP3P 시장에 진출하게 된 배경부터 살펴보자.

1. 아이튠즈·아이팟·뮤직스토어 그리고 셔플

애플은 2001년 1월 인터넷에서 무료로 MP3 음악을 들을 수 있는 서비스 '아이튠즈'를 발표했다. 이를 이용하면 음악CD를 컴퓨터로 복사하는 것은 물론 언제든지 원하는 곡을 감상(재생)할 수 있다. 스티브 잡스는 아이튠즈 서비스를 시작한 후 음악시장 전반을 찬찬히 훑어보기 시작했다.[1]

아이튠즈 사이트(http://www.apple.com/itunes)

당시에는 디지털 음악을 감상하는 방식이 천차만별이었다. 인터넷에서 내려받은 음악을 그냥 컴퓨터로 듣는 사람이 있는가 하면, '리오'와 같은 MP3P에 음악을 저장해놓고 운전이나 쇼핑, 운동을 할 때 듣는 사람도 있었다.

MP3P는 셔츠에 들어가는 크기의 워크맨으로 자리 잡아가고 있었다. 사용자들은 MP3P를 이용해 CD 한 장에 들어 있는 곡보다 더 많은 음악을 들을 수 있었고, 광고나 잡담으로 방해받기 일쑤인 라디오를 들을 때보다 훨씬 기분 좋게 음악을 감상할 수 있었다. 또 시장은 이미 형성되어 있는 것처럼 보였다. 그러나 스티브 잡스의 평가는 달랐다.

그의 눈에 비친 기존 업체들의 MP3P는 품질이 형편없었다. "시장에 나와 있는 MP3P들을 보면 명색이 가전제품 회사들도 소프트웨어에 대해서는 백지상태인 것을 알 수 있었다"고 회고했을 정도다. 스티브 잡스는 "MP3P 시장에 아직 주인이 나타나지 않았다"고 판단했다. 애플의 MP3P 시장 진출이 결정된 순간이었다.

문제는 어떻게 시작할 것인가였다. 그러나 그 해답도 의외로 쉽게 나왔다. 한 젊은 컨설턴트가 MP3P에 대한 기본 아이디어를 갖고 애플을

---

1 윌리엄 사이먼, 『iCon 스티브 잡스』, 임재서 옮김(서울: 민음사, 2005), 347~350쪽.

찾아온 것이다. 바로 토니 파델이라는 하드웨어 기술자였다.

토니 파델은 제너럴매직과 필립스에서 다양한 단말기를 개발한 경험이 있었다. 그는 그 후 MP3P와 같은 하드웨어와 냅스터 등이 제공하는 음악 자원을 결합하면 좋은 사업 품목이 될 것이라고 생각해 시제품을 개발하는 한편 이를 상용화할 투자자를 찾고 있었다.

애플이 바로 그런 파트너였다. 파델은 곧바로 애플에 스카우트됐다. 그리고 그에게는 다가오는 크리스마스 시즌을 겨냥해 10월까지 MP3P 개발을 끝내라는 임무가 떨어졌다.

토니 파델은 개발 기간을 단축하기 위해 기존 부품을 사용해 디자인을 개선하는 데 주력했다. 인쇄회로기판(PCB)을 포함한 하드웨어 디자인은 포털플레이어(Portalplayer) 제품을 사용했다. 또 HDD는 일본 도시바 제품을, 디지털 신호를 아날로그 음악으로 바꿔주는 컨버터(DAC)는 스코틀랜드 울프슨마이크로일렉트로닉스의 부품을 각각 채택했다.

토니 파델이 이끄는 애플 연구팀이 담당한 업무는 이들 범용부품을 사용해 소비자들이 사용하기 쉬운 혁신적인 디자인을 개발하는 것이었다. 이렇게 태어난 것이 바로 '아이팟(iPod)'이다.

애플이 2001년 11월 선보인 MP3P 아이팟은 HDD를 사용하는 제품이었다. 주요 기능을 보면 MP3 음악 약 1,000곡을 저장할 수 있는 데다가 산뜻한 디자인과 사용하기 편한 인터페이스 등이 장점으로 꼽혔다. 그러나 용량이 큰 만큼 값이 비싼 단점도 있었다. 따라서 아이팟이 MP3P 시장의 판도를 바꿔놓을 '태풍의 핵'이 될 것이라고 전망하는 사람은 거의 없었다.

애플이 MP3P 업계에서 공포의 대상으로 떠오른 것은 2003년 4월부터다. 이때 애플은 인터넷에서 MP3 음악을 판매하는 '온라인뮤직스토어’를 선보였다. 그때까지만 해도 인터넷에서 유통되는 음악은 대부분 무료였다. 따라서 애플의 유료화 전략은 무모한 도전으로 비쳤다. 그러나 이는 경쟁업체들의 허를 찌르는 전략으로, 온라인뮤직스토어는 안팎의 회의론을 잠재우며 대성공을 거뒀다.

이를 계기로 선진국 네티즌 사이에서는 인터넷에서 음악(MP3)을 구입해 감상하는 것이 하나의 흐름으로 정착됐다. 지금까지 애플이 인터넷에서 판매한 음악은 무려 30억 곡이 넘는다.

여기에서 주목할 것은 이에 비례해 아이팟도 불티나게 팔려나갔다는 점이다. 주도면밀한 애플의 전략이 상승효과를 내기 시작한 것이다. 그 이유는 간단하다. ‘온라인뮤직스토어’에서 음악을 살 수 있는 단말기(MP3P)는 아이팟이 유일했기 때문이다.[2]

당연히 그 후 애플의 시장점유율은 치솟았다. 실제로 애플은 2004년 말을 기준으로 미국 디지털 음악유통 시장의 70%, 단말기(HDD 방식 MP3P) 시장의 90%까지 점유했다.

그러나 스티브 잡스는 이에 만족하지 않았다. HDD보다 가격은 저렴하지만 시장규모는 2배 정도 더 큰 플래시메모리 방식 MP3P 시장이 남아 있었기 때문이다. 이 시장에서는 우리나라의 레인콤을 비롯해 미국 샌디스크 등 여러 업체들이 활약하고 있었다.

애플은 이 시장까지 모두 손에 넣기로 하고 비장의 무기를 준비한다. 바로 ‘아이팟 셔플’이다. 애플은 또다시 고정관념을 깨는 디자인을 선보여 관련 업계를 놀라게 했다.

---

2 이처럼 단말기와 서비스를 하나로 묶어 판매함으로써 매출을 늘리는 것을 마케팅 용어로 고착화 효과(lock-in effects)라고 한다.

2005년 1월 선보인 셔플의 특징을 한마디로 표현하면 단순함이다. 이를 위해 액정표시장치(LCD)도 없앴다. 이에 따라 셔플 사용자들은 듣고 싶은 음악을 마음대로 선택할 수도 없다. 무작위로 흘러나오는 음악을 그냥 감상할 수밖에 없다. 이는 누가 봐도 상식을 뒤집는 마케팅 전략이다. 그러나 셔플은 예상과 달리 음악애호가들 사이에서 폭발적인 인기를 끌었다. 2005년 상반기 셔플의 시장점유율은 46%(미국)를 기록했고, 그 후 계속 상승하고 있다. 이제 MP3P 시장은 완전히 애플 천하로 변했다.

아이팟은 더 이상 애플 MP3P만을 지칭하는 고유명사가 아니다. 그 의미가 확장되어 '아이팟' 하면 '음악재생기'를 의미하는 보통명사로 더 널리 사용되고 있다. 전 세계 음악애호가들은 이제 음악을 들을 때 '아이팟한다'고 말할 정도다.

역사를 통틀어 이런 영광을 누린 제품은 그렇게 많지 않다. '화장지'를 의미하는 보통명사가 된 '클리넥스'를 비롯해 스카치테이프(접착테이프), 제록스(복사기) 등 손에 꼽을 정도다.

아이팟은 최고의 마케팅 성공 사례로 벌써부터 활발한 연구가 이루어지고 있다. 마케팅 전문가들은 "한 가지 제품이 이토록 짧은 기간(6년)에 아이팟 같은 인기를 누린 경우는 과거에도 없었고 앞으로도 나오기 어려울 것"이라고 전망한다. 바로 이 부분에서 IT 업계 최고의 승부사로 통하는 스티브 잡스의 천재성을 엿볼 수 있다. 애플의 경쟁력은 바로 여기에서 나온다.

엔지니어 출신 경영자가 운영하는 회사는 '기술' 또는 '기능'에 집착하는 경향이 있다. 이들의 취약점은 소비자들이 무엇을 원하는지 모른다는 것이다. MP3P 시장도 예외가 아니었다. 선발업체들은 여전히 '기술(또는 기능상 우위)'에 만족했다. 또 이보다 한 단계 더 발전한 회사들도 청소년의 취향을 만족시키는 디자인을 개발하는 데 모든 경영자원을 쏟아부었다.

스티브 잡스가 이끄는 애플이 이를 놓칠 이유가 없었다. 애플은 뒤늦게 시장에 진출했지만 이러한 허점을 파고들어 단숨에 시장을 석권했다. 기술과 마케팅을 결합해 성공한 애플의 전략은 태평양 건너편에 있는 우리나라 경영자들에게도 많은 교훈을 주고 있다.

이를 가장 열심히 연구하는 경영자로 이찬진 드림위즈 CEO를 들 수 있다. 고등학교 때부터 애플컴퓨터를 사용했던 우리나라 '디지털 키드 1세대'인 이 사장은 아이팟의 열렬한 팬이다.

그는 애플이 새로운 모델을 내놓을 때마다 아이팟을 한 대씩 장만해 지금은 20기가 하드드라이브 방식의 대용량 MP3P인 아이팟 외에 중(아이팟미니)·소용량(셔플) 제품 등 모두 20여 대를 갖고 있다.

그는 특히 최근 구입한 아이팟 셔플에 특별한 애착을 갖고 있다. 이 것만 목에 걸치면 운전을 하거나 등산, 조깅 등 운동을 할 때에도 언제나 좋아하는 음악을 감상할 수 있다고 한다.

이 사장은 "아이팟은 학교를 졸업한 후 바쁜 일 때문에 잊고 지냈던 음악을 다시 들을 수 있게 해준 둘도 없는 (디지털) 친구"라고 소개했다. 또 "어쩌다 그동안 잊고 지냈던 음악을 들으면 길거리에서 오랜 친구를 만난 것처럼 반갑다"며 "소비자들의 이러한 마음까지 세심하게 배려하는 애플이 그렇게 고마울 수가 없다"고 덧붙인다.

그렇다면 이찬진 사장은 국내 업체들이 개발한 MP3P에 대해서는 어떤 생각을 하고 있을까? 이에 대해 이 사장은 "음악을 좋아하기 때문에 우리나라 업체가 세계 최초로 개발한 MP3P(MP맨)도 샀는데, 기능이 복잡한 데다 사용법도 불편해 곧 다른 사람에게 줬다"며 아쉬워했다.

이찬진 사장은 우리나라를 대표하는 디지털 경영자이다. 국내 MP3P에 대한 그의 혹독한 평가 속에는 동병상련의 아픔이 배어 있다. 이 사장은 우리나라에서 SW 개발(한글과컴퓨터)과 인터넷 비즈니스(드림위즈)를 가장 먼저 시작해 언론의 주목을 받았다. 그러나 그가 지금 운영하는 드림위즈는 네이버와 다음 등 후발업체들에 밀려나 다시 이들을 추격해야 하는 신세가 됐다.

따라서 이찬진 사장에게 아이팟은 단순히 음악을 감상하는 단말기 이상의 의미를 갖고 있다. 아이팟으로 음악을 들으면서도 이 사장은 포털 선두그룹 업체들의 뒷덜미를 잡아 시장 판도를 바꿔놓을 전략을 연구하고 있는 것이 분명하다.

이찬진 사장도 스티브 잡스처럼 화려하게 부활할 수 있을까?

2. 아이팟에 열광하는 사람들

'기계가 아니라 문화를 판다.'

전 세계 음악애호가들이 애플 MP3P 아이팟에 열광하는 이유다. 사실 애플의 전략은 간단하다. 바로 하드웨어 단말기와 소프트웨어, 콘텐츠를 하나로 묶어 사용자를 감동시키는 서비스를 제공하는 것이다. 그 결과는 엄청난 차이를 만든다. 아이팟을 판매하는 애플 매장은 전 세계에서 몰려든 음악애호가들로 발 디딜 틈도 없다.

소비자들의 가슴 속 깊이 각인된 애플만의 매력은 무엇일까.

CEO 스티브 잡스를 빼고 이를 이야기하는 것은 아무 의미가 없다.

그는 애플의 경영을 진두지휘하는 CEO인 동시에 '아이팟 부흥사' 역할
도 훌륭하게 해내고 있기 때문이다. 애플이 매년 초에 개최하는 '맥월
드 콘퍼런스'를 취재한 한 일간지 기자가 쓴 칼럼이 이를 잘 묘사하고
있다.

지구 반대편에서 온 가장 까다로운 고객(?)인 기자까지 단숨에 매료
시킨 '맥월드 콘퍼런스'. 이 행사는 바로 스티브 잡스가 무대감독과 주
연배우까지 겸한 '잡스의 작품'이라고 할 수 있다.

□ 스티브 잡스의 'IT 콘서트'

최근 미국 샌프란시스코에서 열린 매킨토시 컴퓨터 관련 전시회 '맥월
드 콘퍼런스'를 취재했다. 이곳에서 나는 유명 가수에 버금가는 인기를
누리는 스티브 잡스 애플컴퓨터 사장의 '콘서트'를 감상했다.

맥월드 콘퍼런스의 가장 중요한 행사는 잡스 사장의 기조연설이다. 이
연설은 90분이 넘게 이어지지만 195달러(약 20만 원)가 넘는 돈을 내고 입
장하려 애쓰는 '팬'들로 넘쳐난다. 공연장 밖에서는 표를 구하지 못해 서
성이는 팬들도 볼 수 있다.

잡스 사장의 기조연설은 유명 가수의 콘서트처럼 재미있기로 유명하
다. 고화질 초대형 영사기, 수십 개의 조명 등 화려한 무대장치는 기본이
고 잡스 사장 본인이 수차례 '리허설'을 반복하며 완벽한 연설을 연습할
정도다.

그가 연설무대에 등장하면 관객들은 유명 가수가 등장할 때 못지않게
커다란 박수와 함성, 플래시 세례를 보낸다. 차례로 신곡, 아니 신제품이
소개될 때마다 박수와 함성은 반복된다.

콘서트에 초청 가수가 등장하듯 또 다른 유명 정보기술(IT)업계 인사가
'초청 손님'으로 등장하기도 한다. 이번 기조연설에는 소니의 안도 구니
타케 사장이 초청 가수 역할을 맡아 고화질 디지털(HD) 비디오 캠코더를

소개했다.

관객들은 기조연설이 끝나면 인근의 애플컴퓨터 소매점으로 달려간다. 콘서트가 끝나면 팬들이 가수의 새 앨범을 사러 음반점으로 향하는 것과 마찬가지다. 이들은 애플컴퓨터의 새로운 MP3플레이어를 가수의 새 음반처럼 옆에 끼고 집으로 돌아간다.[3]

짧은 기간 동안 전 세계 MP3P 시장을 완전히 장악한 아이팟의 성공요인을 분석하는 것은 마케팅 교과서에 단골로 등장하는 소재가 되고 있다. 광고전문가인 더글러스 애트킨은 그의 저서 『열광하는 브랜드(The Culting of Brand)』에서 아이팟이 폭발적인 인기를 끌게 된 이유를 '컬트(cult)'에서 찾아 관심을 끈다.

컬트란 일반의 평가와 관계없이 소수의 집단에게 열광적인 지지를 받는 것을 말한다. 애트킨은 "아이팟이 소수 집단의 열광적인 지지를 바탕으로 세력을 확대해 대중적인 브랜드로 자리 잡았다"고 평가했다.

≪와이어드≫ 기자 리앤더 캐니가 펴낸 『컬트 브랜드의 탄생 아이팟』은 아예 제목부터 '컬트'라고 못을 박았다. 캐니는 아이팟의 개발에 얽힌 뒷이야기부터 아이팟 신제품이 나올 때마다 이를 사려고 긴 줄을 서는 전 세계 음악애호가들의 흥미로운 사례를 소개하고 있다.

유럽 최고의 축구선수 데이비드 베컴(David Beckham)과 미국의 스케이트 선수 토니 호크(Tony Hawk), 팝스타 마돈나(Madonna), 존 두리틀(John Doolittle) 의원(공화당·하원). 이 유명 인사들에게는 공통점이 있다. 그것은 바로 "아이팟을 열렬하게 지지하는 팬클럽 회원"이라는 것.

패션 디자이너 칼 라거펠드와 록 그룹 U2의 아이팟 사랑은 1장에서 자세하게 소개했다. 이들은 아이팟 애호가일 뿐만 아니라 마케팅을 위한 도우미 역할도 한다. 칼 라거펠드는 70여 대의 아이팟을 번갈아 들고 다니면서 아이팟을 위한 옷과 지갑 등을 디자인하고 있다. 또 록 그룹 U2도 아이팟용 음반 발매와 공연 등으로 아이팟을 홍보한다.

이처럼 유명 인사들이 운동경기는 물론 노래를 할 때에도 아이팟을 애용하는 모습이 거의 매일 신문과 방송에 소개되면서, 애플은 매출이 늘어나는 것은 물론 홍보도 하는 일석이조의 효과를 거두고 있다.

아이팟 사랑이 명사들만의 전유물은 아니다. 일반인들도 다양한 방법으로 아이팟을 사용하면서 주위에 이를 홍보하고 있다. 평범한 교사인 조지 마스터스(George Masters)는 아이팟을 홍보하는 60초짜리 비디오를 제작, 웹사이트에 올려 일약 명사가 됐다. 이 비디오는 2004년 11월 인터넷에 공개됐는데 불과 한 달도 안 되는 기간에 조회 건수가 10만 회를 돌파했고, 지금도 블로그와 전자우편 사이트 등을 중심으로 동시다발적으로 유포되고 있다.[4]

아이팝마이포토(http://ipopmyphoto.com)

---

4 이에 대해서는 《와이어드》("Home-Brew IPod Ad Opens Eyes", 2004년 12월 13일자)를 비롯해 《뉴욕타임스》, CNN 등 미국 주요 매스컴에서 자세하게 소개하고 있다(http://www.wired.com/news/business/0,66001-0.html). 텔레비전과 비디오 프로그램을 교환하는 웹사이트 비오닷컴을 방문하면 이 광고와 함께 시청자들의 평을 확인할 수 있다(http://www.veoh.com/videoDetails.html;jsessionid=A82476 8D8E672FE1C21 6C40EF29CB5C3?v=e581928yGBzk7Y).

아이팟 사용자들 중에는 아예 광고 모델로 나서는 사람도 있다. 2004년에 설립된 인터넷 회사 '아이팝마이포토(http://ipopmyphoto.com)'는 이들의 주 무대다. 이 사이트에 디지털사진을 올리면 아이팟을 대표하는 실루엣 광고 모양으로 바꿔준다.[5] 사용자들은 디지털 사진을 올린 후 배경색을 선택하고 비용(약 2만 원)을 지불하면 5일 안에 아이팟을 걸치고 있는 사진을 손에 넣을 수 있다.

이 사이트는 마케팅 전문가 케빈 무오이오(Kevin Muoio)가 친구 데이브 슈뢰더(Dave Shroeder)와 공동으로 운영하고 있는데, 서비스를 시작한 지 불과 일주일 만에 150여 건의 주문을 받았을 정도로 큰 인기를 끌고 있다. 무오이오는 전 세계에서 주문이 들어오며 주로 미국과 영국, 일본 등에서 고객이 늘어나고 있다고 소개한다.

'그러면 이들은 왜 이러한 사진을 갖고 싶어 할까?' 이에 대해 무오이오는 "아이팟은 정말 놀라운 현상이다. 우상화되고 있다. 요즈음 가장 큰 유행이 바로 아이팟"이라고 설명한다.[6]

이들의 사례에서 배울 수 있는 교훈은 무엇일까. 그것은 바로 아이팟이 단순히 음악만 감상하는 단말기가 아니라, 새로운 비즈니스 및 문화를 만드는 구심체로 부상하고 있다는 점이다.

이는 경쟁업체들에게는 대재앙이다. MP3P에 다양한 기능을 추가하고 신세대들의 이목을 끄는 디자인을 개발하는 데 주력했던 경쟁업체들

---

5 이 회사는 애플과는 아무 관련이 없다. 이를 분명하게 하기 위해 서비스 이름도 '아이팟'이 아닌 '아이팝(마이포토)'이라고 부른다.

6 "The Incredible Edible iPod", 《워싱턴포스트》, 2004년 12월 20일자. http://www.washingtonpost.com/wp-dyn/articles/A13203-2004Dec20.html.

은 하루아침에 고객을 잃고 시장에서 퇴출되는 위기를 겪고 있다.

3. '후폭풍'이 더 무섭다

애플 '쓰나미'의 위력은 상상을 초월했다. 국내 MP3P 업체들이 그 직격탄을 맞았다. 해외 수출은 얼어붙고, 국내 시장에서도 값이 싼 애플 및 중국 제품과 힘든 경쟁을 해야 하는 막다른 상황에까지 내몰렸다.

한때 전 세계 시장(플래시메모리 MP3P)에서 1, 2위를 다퉜던 레인콤도 예외가 될 수 없었다. 애플이 진출한 후 해외 수출이 막혀 회사 경영이 휘청거렸다. 실제로 레인콤은 2004년까지 전체 생산의 30% 이상을 미국에 수출했지만, 그 이듬해 애플이 '아이팟 셔플'을 내세워 플래시메모리 시장에 진출하자 미국에서 완전 철수해야 했다.

엠피아이오(MPIO)와 코원도 사정은 비슷했다. 우리나라 MP3P 업체들은 브랜드 인지도와 디자인, 심지어 가격에서도 애플의 적수가 못 되었다.

애플의 스티브 잡스가 새로운 제품을 내놓을 때 주로 사용하는 무기는 경쟁사들의 약점을 파고들어 단숨에 제압하는 것. 2005년 1월 플래시메모리 MP3P를 처음 선보일 때도 그는 '역발상의 전략'을 사용했다.

하드디스크드라이브(HDD) 시장에서 애플의 아이팟은 우수한 품질에 걸맞은 고가 정책을 고수해왔다. 그러나 플래시메모리 시장에 진출하면서 저가 정책을 폈다. 그동안 비축해놓은 힘을 바탕으로 본격적인 가격전쟁을 선포한 것이다. 애플이 2005년 1월 선보인 아이팟 셔플의 가격표(99달러)를 보고 기존 업체들은 경악했다. 애플은 아이팟 나노의 가

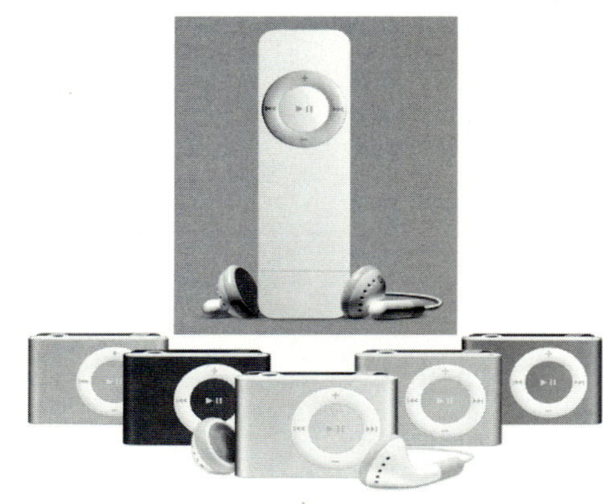

'랜덤 엑세스 기능'이라는 역발상으로 큰 인기를 누리고 있는 아이팟 셔플

격도 200달러 이하(199달러)로 책정했다.

그때까지 우리나라 MP3P 업체들이 미국에 수출하던 MP3P(용량 1GB)의 소비자 가격은 약 200달러로, 동급의 애플 제품(약 250달러)에 비해 약 50달러나 저렴했다. 우리나라 MP3P 업체들이 미국에서 선전할 수 있었던 것도 그 실상을 들여다보면 '가격대비 성능이 우수하다'는 평가를 받았기 때문이다. 그러나 2005년에 들어서면서 상황이 180도 달라졌다.

애플에 날개를 달아준 것은 역설적으로 우리나라 업체였다. 바로 삼성전자였다. 애플의 경쟁업체보다 월등하게 저렴한 가격에 플래시메모리 반도체를 애플에 대량으로 공급한 것이 화근이 됐다. 실제로 당시 저장용량 1GB의 플래시메모리 국제 가격이 44달러였는데 애플은 이를 절반에도 못 미치는 20달러에 공급받을 수 있었다.

플래시메모리는 MP3P 제조원가의 약 절반을 차지하는 핵심 부품. 애플은 이를 경쟁회사보다 약 절반이나 싼 가격에 확보함으로써 플래시메모리 시장에서도 처음부터 월등한 경쟁력을 확보할 수 있었다. 이는 우리나라 업체들에게는 대재앙이었다. 베스트바이 등 유통업체들이 바로 대폭적인 가격인하를 요구해왔기 때문이다.

엠피아이오 우중구 사장은 "실제로 베스트바이은 아이팟 나노와 같은 성능의 MP3P 소비자 가격을 120달러까지 낮출 것을 요구했다"고 털어놓았다. 여기에 맞추려면 80달러에 제품을 공급해야 했다. 이는 당시

부품구입 가격(74달러)과 비슷한 수준이었다.

미국 시장에서 철수하는 것밖에 다른 대안이 없었다. 우중구 사장은 "그동안 미국 시장에 평균 30만 대 이상을 수출했지만, 베스트바이의 요구대로 가격을 낮출 경우 팔수록 손해가 난다는 결론에 이르렀다"고 설명했다.

그는 "MP3P업계에서 미국은 세계 시장에서의 성공 여부를 가늠해볼 수 있는 일종의 실험대"라면서도, "미국 시장이 아무리 상징성이 있다고 해도 팔수록 손해나는 장사를 해야 할까 하는 의구심이 들었다"고 말했다. 엠피아이오는 미국 수출 물량을 일본과 중국, 유럽 시장으로 돌려 시장 다변화를 꾀했지만 이들 시장에서도 어렵기는 마찬가지였다.

아이팟 나노

설상가상으로 판매 후에도 소비자 가격이 떨어지면 유통업체의 손해를 보상해주는 '가격보장제도(price protection)'가 도입됐는데, 이는 저승사자나 마찬가지였다. 예를 들면 소비자 가격 200달러의 제품을 납품할 때 공급가격이 120달러였는데, 소비자 가격이 120달러로 떨어지면 공급가격을 80달러로 조정하는 동시에 120달러와 80달러의 차액(40달러)만큼 유통업체에게 보상해줘야 했다.

한마디로 모든 손해를 공급업체들에게 떠넘기는 제도였다. 순전히 가격보장제도 때문에 엠피아이오는 250여억 원, 레인콤은 무려 1,000여억 원을 물어줘야 했다. 중소기업을 갓 벗어난 중견기업들이 부담하기에는 너무도 큰 액수였다. 외국 시장에서 철수하는 것은 당연한 수순이었다. 1등만 살아남을 수 있는 시장의 논리에 다시 한 번 치를 떨어야 했다.

애플의 공세는 앞마당까지 침투해 들어왔다. 2005년 초 애플은 국내 시장에 아이팟 셔플을 선보인 데 이어 9월 말에는 아이팟 나노까지 잇달아 출시하면서 국내 MP3P 업체들을 압박했다. 아이팟 나노가 전시된 코엑스 애플체험 스토어에는 1,000여 명의 인파가 몰리기도 했다. 업계에선 이를 '애플의 대공습'이라고 불렀다.

국내 MP3P 업계에 '애플 비상'이 걸렸다. 레인콤과 코원, 애플에 플래시메모리를 공급하는 삼성전자까지 MP3P와 관련해 가격인하 압력·부품 부족·수익률 하락의 '3중고'를 겪었다.

국내 MP3P 업체들은 우선 아이팟 나노의 가격에 충격을 받았다. 애플 아이팟 나노의 뛰어난 가격경쟁력 때문이다. 국내에 출시된 애플 아이팟 나노는 2GB 제품이 23만 원, 4GB 제품이 29만 원이었다. 동급 국내 제품 대비 30% 이상 저렴했다. 당시 경쟁사인 레인콤의 '아이리버 U10' 1GB 제품이 33만 9,000원이었고 삼성전자 'YP-T8' 2GB 제품이 35만 원 정도에 팔렸다.

엠피아이오 우중구 사장은 "애플의 아이팟 나노에 대응해 가격을 인하하기 어려웠다"고 말했다. 부품비의 약 40%를 차지하는 낸드플래시 메모리의 원가를 낮출 수 없었기 때문이다.

국내 중소업체들은 애플과 비교할 때 부품 구매능력(바잉파워)이 취약했다. 따라서 원가절감에는 한계가 있었다. 더구나 핵심 부품인 '낸드플래시'의 품귀현상도 국내 업체들의 입지를 좁혔다.

국내 업체들이 아이팟 나노에 대응할 수 있는 방법은 크게 두 가지였다. 고기능으로 확실하게 차별화 전략을 펴거나, 가격인하를 단행해 '아이팟 나노'의 가격대에 맞추는 것. 하지만 어느 것 하나 쉽지 않았다.

먼저 국내 제조사들은 가격인하에 소극적인 반응을 보였다. 차별화 전략도 어렵기는 마찬가지였다. 무엇보다도 애플의 막강한 '브랜드 경쟁력'에 맞서 싸우기 어려웠다.

그동안 국내 업체들이 애플에 대응해 나름대로 선전할 수 있었던 것은 기능 대비 가격경쟁력을 유지해왔기 때문이다. 그러나 30% 이상 저렴한 '아이팟 나노'가 상륙하면서 이러한 이점마저 사라져버렸다. 이러한 상황에서 기존의 상대적 저가전략은 용도 폐기됐다. 국내 제조사 입장에서는 가격·디자인·브랜드 인지도 등 어느 하나 뒤지지 않는 강자가 나타난 셈이다.

또 저가 시장에서는 중국 업체들에게 밀리기 시작했다. 플래시메모리를 제외한 MP3P 제조원가가 중국 업체들은 12달러로, 우리나라 업체들(22달러)의 절반에 불과했다. 단순한 인건비만 비교해도 우리나라 근로자들이 받는 임금(시간당 3달러)은 중국(1달러)보다 두 배 이상 높았다.

이에 비해 MP3P의 품질은 중국 제품과 우리나라 제품 사이에 별다른 차이가 없었다. "단시간에 저렴한 제품을 속속 내놓는 중국 엔지니어들의 R&D 능력은 '신의 경지'에 다다른 것처럼 보였다"고 우중구 사장은 설명했다.

2005년부터 중국 제품이 국내 시장을 잠식하면서 우리나라 MP3P 업계는 최악의 경영난을 겪었다. 이를 견디지 못하고 비즈니스 무대에서 사라져가는 업체들이 속출했다.

국내외 MP3P 시장에서 승승장구하던 이스타랩도 그 대열에 포함되었다. 이스타랩은 명품 MP3플레이어를 표방하며 출시한 '모노리스' 시리즈로 음질 및 디자인, 내구성 면에서 좋은 평가를 받으며 높은 인기를 누렸으나 '애플 대공습'의 직격탄을 맞아 쓰러졌다. 이스타랩은 2006년 5월 모든 업무를 중단했다.

그 뒤를 이어 에스캠(9월)과 이자브(11월)도 무너졌다. 에스캠 역시

나스닥 상장을 추진했을 정도로 유망한 회사였다. 이자브도 MP3P 사업에서 누적된 적자를 감당하지 못해 쓰러졌다. 내수보다 수출에 주력해온 이자브는 세계 메이저 MP3P 업체들과 중국 업체들의 저가 공세 속에서도 중국의 대형 가전업체인 하이얼에 주문자상표부착생산(OEM) 방식으로 MP3P를 공급하는 계약을 따내며 숨을 돌리는 듯했으나 지속적인 경영 악화로 폐업을 결정했다.

이 회사 관계자는 "우리같이 브랜드가 약한 회사들은 가격으로 싸워야 하는데 이마저도 메이저 업체들에 밀려 숨 쉴 틈조차 없었다"며 "생존을 위해 다른 사업도 알아봤지만 계속되는 수익 악화에 결단을 내릴 수밖에 없었다"고 밝혔다.

'빙하기'에 살아남은 MP3P 업체는 이제 손꼽을 정도다. 레인콤과 코원, 엠피아이오 등 전문 업체 3개와 삼성과 LG 등 소수 대기업이 국내 시장을 지키고 있다.

다행히 살아남았다고 해도 고민은 여전하다. 수익성 악화 때문이다. 국내 시장에서 부동의 1위를 차지하고 있는 레인콤마저 오랫동안 적자를 낸 것을 보면 MP3P 업체들의 채산성이 최근 얼마나 악화됐는지 알 수 있다.

MP3P 업체들은 이 같은 난관을 극복하고 다시 비상할 수 있을까. 이를 위해서는 MP3P 업계가 처해 있는 환경의 변화와 앞으로의 발전방향을 이해하는 것이 필수다. 이에 대해서는 전문가들 사이에서도 낙관론과 비관론이 팽팽하게 맞서고 있다. ≪전자신문≫이 양쪽 주장을 자세하게 소개해 관심을 끌고 있다.

◇ 현황 = MP3P 업계는 MP3폰(뮤직폰)과 전자사전이 MP3 기능을 탑재한 융합제품(컨버전스)에 대응해야 하고, 중국산 저가제품과 복제품, 애플·삼성전자·소니 등 대기업의 저가 공세로 골머리를 앓고 있다.

음악저작권도 문제다. 배터리 구동시간 연장, 동영상 구현, 쌍방향 통신기능을 확보하는 것도 중요하다. 업계는 이를 '성장통(成長痛)'으로 보고 있지만, 불치병(不治病)일 수도 있다.

◇ 성장통인가 = 업계는 현재의 고통을 MP3P가 넘어야 될 하나의 과정으로 보고 있다. MP3P는 음악다운로드 서비스로 시작된 디지털 이동단말기 시장의 대표주자다. 또 저장매체 성격을 갖고 있어 다양한 디지털 콘텐츠와 결합이 가능하다. 액정을 크게 만들면 동영상 구현이, 카메라 모듈을 넣으면 디지털카메라가, RF칩을 넣으면 휴대폰 기능과 접목된다. 한마디로 개방적인 인터넷 시대에 적합한 복합단말기라는 설명이다.

레인콤이 통신기능이 결합된 MP3P와 음악(MP3) 청취기능을 갖춘 전자사전을 만든 것도 이 같은 이유에서다. 최근에는 아예 통신 기능이 접목된 MP3P를 구상중이다. 양방향 RF칩을 넣어 휴대폰과 MP3P 기능을 접목시킨 뒤, 언제 어디서나 다양한 정보 서비스를 받을 수 있도록 만드는 것이 궁극적인 목표다.

낙관론자들은 다가올 기술융합(컨버전스) 시장을 MP3P가 주도할 수 있으며, 향후 음악은 물론 다양한 영상콘텐츠를 구현할 수 있는 모바일 단말기의 중추적 역할을 맡을 것으로 확신하고 있다.

삼성전자 최지성 사장은 "항상 몸에 휴대하기 때문에 브랜드 친밀도를 크게 높일 수 있고, 다른 디지털 기기에까지 영향력을 빠르게 확대할 수 있는 장점을 갖고 있다"고 MP3P 예찬론을 펼친다. "배터리 용량 늘리기, 양방향 통신기능 첨부는 시간 문제"라고 '성장통론자들'은 주장한다.

◇ 불치병인가 = 역시 MP3P의 개방적 성격에서 기인한다. 그러나 '불치병론자들'의 전망은 180도 다르다. MP3P가 다양한 단말기와 통합할 수 있지만 뚜렷한 자기영역을 구축하기는 힘들 것으로 이들은 전망하고 있

다. 특히 MP3P가 갖고 있는 오디오 기능은 타 미디어와 구분할 수 있는 독자성을 갖춘 것이 아니라 '범용화'된 기능이라는 것이다.

개인정보통합단말기 형태로 가는 과정에 오디오 기술이 다른 영역에 비해 빠르게 디지털화되면서 나타난 하나의 특이 현상으로 보고 있다. 오히려 시각이나 촉각적인 다른 영역의 디지털화가 이어지면서 오디오 부문의 특화영역은 다른 미디어에 흡수될 수 있을 것으로 '비관론자들'은 우려하고 있다.

미디어의 주도권이 라디오에서 텔레비전, 그리고 다시 디지털TV로 넘어가는 것과 유사한 과정을 MP3P도 그대로 답습할 것으로 보고 있다. 물론 라디오가 다소 축소된 영역에서 미디어의 역할을 계속 수행하듯이 MP3P도 음악재생기로서 명맥을 유지할 것으로 '불치병론자들'은 전망한다.

이들은 최근 업체마다 PMP나 전자사전, 휴대폰 쪽으로 눈을 돌리는 것도 컨버전스 상황에서 살아남기 위한 몸부림으로 이해한다.

업계 관계자는 "MP3 기능은 디지털 모바일 디바이스에서 가장 기본이 되지만, 남과 차별화시킬 수 있는 요인이 아니기 때문에 업체마다 동영상, 게임기능을 결부시킨 새로운 미디어로의 전환을 서둘러야 할 것"이라고 충고한다.[7]

MP3P의 미래가 어떤 행로를 택할지 지금 속단하기는 어렵다. 그러나 앞에 소개한 두 가지 행로 중에 어느 쪽으로 방향을 잡더라도 애플 '쓰나미' 때문에 우리나라 MP3P 업체들은 평탄한 포장도로보다는 험난한 가시밭길을 만날 가능성이 더 높아 보인다.

---

7 "MP3P업계 '성장통인가, 불치병인가'", ≪전자신문≫, 2005년 7월 20일자.

  그러면 애플의 독주는 계속될 수 있을까? 이를 위해 MP3P가 발전해
온 역사를 되돌아볼 필요가 있다. 이어 MP3P가 앞으로 어떻게 진화하
고 누가 이 시장에서 최후의 승자가 될지 전망해보자.

2부 MP3 음악전쟁 속으로

MP3가 태어난 고향은 독일 프라운호퍼 게젤샤프트(Fraunhofer Gesellshaft) 연구소다. 이 연구소는 막스 플랑크 연구소와 함께 독일 첨단 과학기술 연구의 양대 산맥으로 평가받고 있다.

이러한 명성에 걸맞게 프라운호퍼 연구소는 1980년대부터 디지털 음악과 영상 등 선구적인 디지털 미디어 연구를 수행했고 1990년대 초 디지털 음악 표준(안) 을 마련, IEEE에 제출했다. IEEE가 이를 채택하는 동시에 'MP3'라는 이름을 부여한 것은 1995년 7월 14일이다.

MP3의 등장으로 온라인 음악유통이라는 새로운 산업이 태어났다. MP3는 공짜 음악을 즐기는 전 세계 네티즌들 사이에 폭발적인 인기를 끌었지만 여전히 인터넷과 컴퓨터 안에 갇혀 지내는 한계가 있었다.

MP3가 길거리를 활보할 수 있도록 만든 것은 우리나라의 한 엔지니어다. 바로 개인발명가 황정하 씨(전 디지털캐스트 사장)다. 황 씨는 1997년 언제 어디서나 MP3 음악을 들을 수 있는 '디지털 음악재생기(MP3P)'를 세계 최초로 개발했다.

이것이 디지털 음악 혁명의 기폭제가 될 것이라고 생각한 사람은 당시 아무도 없었다.

4장 |
MP3의 탄생

1. 조촐한 탄생

1995년 7월 14일. 독일 프라운호퍼 게젤샤프트 연구소의 연구원인 칼하인츠 브란덴부르크(Karl-Heinz Brandenburg) 박사는 동료들에게 e메일을 보냈다. 그 내용은 짤막했다. IEEE(The Institute of Electrical and Electronics Engineers, 전기전자공학회)에서 자신들이 제안한 디지털 음악 기록방식을 표준으로 채택하는 동시에 그 이름을 'MP3'라고 부르기로 결정했다는 것이었다.

이는 훗날 디지털 음악의 혁명을 몰고 온 주역이 비로소 국제 공인을 받고 비상의 날갯짓을 시작했다는 점에서 큰 의미가 있다. 그러나 당시 이 기술이 디지털 음악, 더 나아가 디지털 미디어 혁명을 이끌어내는 주역이 될 것이라고 생각했던 사람은 (프라운호퍼 연구소의 연구원들을 포함해) 아무도 없었다.

이처럼 기술발전의 역사를 보면 필연적인 인과관계보다는 우연이라는 가면을 쓰고 우리 곁에 찾아오는 경우가 더 많다. 디지털 음악을 기록하는 표준을 정한 MP3와 언제 어디서나 이를 감상할 수 있도록 해준 MP3P의 탄생 및 그 후의 발전 과정을 살펴봐도 '우연이 만들어내는 역사'를 곳곳에서 확인할 수 있다.

이를 소개하기에 앞서 이 책에서 다루는 'MP3'가 무엇인지 정확하게 이해하는 것이 중요하다. 아울러 1990년대 중반에 태어난 MP3 기술이 디지털 음악은 물론 인터넷 등 IT 발전에 얼마나 큰 기여를 했는지도 살펴보기로 하자.

먼저 'MP3'라는 용어는 멀티미디어 관련 업체들이 모여 표준을 정하는 단체인 MPEG(Motion Pictures Experts Group)의 머리글자 'MP'와, (MPEG에서) 특별히 음악을 담당하는 '제3 분과(Layer 3)'의 '3'을 따서 만들었다. 따라서 'MP3'라는 용어에서 어떤 '특별한' 의미를 찾는 것은 무의미하다.

MP3를 구성하는 주요 기술을 살펴보면 다음 세 가지로 설명할 수 있다. 우선 아날로그 음악을 디지털 신호로 바꾸는 컨버터(ADC)와 디지털 신호를 압축(compression) 또는 복원(decompression)하는 코덱(codecs), 마지막으로 디지털 신호를 아날로그 신호로 바꿔주는 컨버터(DAC) 기술이다. 결론적으로 MP3는 디지털 음악을 압축해 저장한 후 필요할 때 재생하는 사실상의 표준(de-facto standard)이라고 정의할 수 있다.[1]

---

1 오디오 및 IT 관련 업체들은 자신의 필요에 따라 특정한 기능을 강화한 수많은 변종들을 만들어내고 있다. 이들 중에 최근 널리 사용되는 기술을 소개하면 저작권 관리기능을 강화한 애플의 AAC를 비롯해 음향효과가 우수한 마이크로소프트의 WMA, 마지막으로 이 두 가지 기술의 장점을 적절하게 절충한 소니의 ATRAC3를 들 수 있다("How Does an MP3 Player Work?", MP3닷컴).

MP3는 1995년 등장한 후 디지털 음악 혁명을 이끌면서 초고속인터넷 보급을 확산시키는 등 IT 발전에도 핵심적인 역할을 담당해왔다.

언론인 중에서 MP3 기술의 탄생과 발전 과정을 자세하게 알고 있는 사람으로는 엘리엇 밴 버스커크(Eliot Van Buskirk) MP3닷컴 편집장(기술 담당)을 꼽을 수 있다. 그는 MP3닷컴에 게재한 칼럼에서 MP3의 IT(정보기술)에 대한 기여를 다양한 시각으로 분석해 관심을 끌고 있다.

'MP3가 다섯 가지 방법으로 전 세계를 바꿔놓았다'고 주장하는 칼럼의 주요 내용을 소개한다.[2]

① 콘텐츠 기록방식 디지털로 전환 = MP3는 디지털 음악뿐만 아니라 동영상 등 다양한 콘텐츠 기록방식을 아날로그에서 디지털로 바꾸는 기폭제가 됐다.

물론 MP3 이전에 나왔던 CD(콤팩트디스크)도 음악을 디지털 신호로 기록했다. 그러나 비교적 만족할 만한 음질을 유지하면서 디지털 파일의 크기를 10분의 1로 줄여 인터넷으로 유통할 수 있도록 만든 것은 프라운호퍼 게젤샤프트 연구원들의 노력으로 이루어졌다.

② 주요 음반업체 온라인 유통망 수용 = 인터넷에서 MP3 음악이 폭발적인 인기를 끌면서 주요 음반업체들도 온라인 유통망을 받아들일 수밖에 없었다.

만약 네티즌들이 초고속인터넷에서 음악 파일을 주고받는 방법을 찾아내지 못했다면 오프라인 유통망을 장악하고 있던 음반업계의 디지털 기

---

2 "Top 5 Ways MP3 Has Changed The World", MP3닷컴, 2005년 7월 14일.

술 수용은 몇 년 또는 몇십 년 더 늦어졌을 것이다.

③ 초고속인터넷 보급 확산 = 1990년대 후반 MP3 음악은 인터넷에 선보이자마자 최고 인기 프로그램이 됐다.

이에 따라 음악 파일을 자유롭게 주고받을 수 있는 초고속인터넷에 대한 수요도 덩달아 늘어났다. 실제로 MP3닷컴이 조사한 바에 따르면 1999년에서 2004년까지 미국에 설치된 초고속인터넷 수요의 약 30%는 MP3 음악을 듣는 것과 직·간접적인 관련이 있는 것으로 분석됐다.

④ 무명 밴드들에게 활동무대 제공 = MP3는 무명 밴드들도 인터넷에서 활동할 수 있는 무대를 제공해주고 있다.

네티즌들은 이제 밴드들이 개설해놓은 웹사이트에서 샘플(견본) 음악을 듣는 것에 익숙해져 있다. 이는 음악애호가와 밴드 모두에게 유익하다. 음악애호가들은 전 세계에서 쏟아져 나오는 음악을 웹사이트에서 쉽게 접할 수 있고, 밴드들도 이들을 대상으로 자신만의 음악을 홍보하는 기회를 가질 수 있다.

⑤ 시장 주도권 소니에서 애플로 이전 = MP3의 특징은 기존 기술을 개선한 것이 아니라 완전히 새로운 기술의 탄생이라는 점에서 찾을 수 있다. 이러한 변화 속에서 기회를 잡은 기업과 그렇지 못한 기업 간에 희비가 엇갈릴 수밖에 없다.

MP3는 미국의 애플사를 위해 존재한다고 해도 과언이 아니다. 애플은 온라인 음악시장의 약 70%, 플레이어(재생기) 시장의 약 60%를 장악하고 있다. 애플은 이를 발판으로 마이너 컴퓨터 회사에서 최고의 미디어 기업으로 변신했다. 반면 1979년 워크맨을 개발해 휴대용 음악재생기 시장을 주도했던 소니는 MP3P 시장을 과소평가해 군소 업체로 전락했다.

MP3와 MP3P는 세상에 나온 지 각각 13년과 11년째를 맞고 있다.

MP3P가 어떻게 태어나 발전해왔는지 살펴보자.

3. 우연이 만든 MP3P 역사

MP3P의 역사는 우연에 인생을 걸었던 수많은 과학기술자와 엔지니어들에 의해 만들어졌다고 해도 과언이 아니다.

첫 번째로 등장하는 주연배우가 바로 지난 1997년 세계 최초로 MP3P를 개발한 황정하 씨다. 그는 MP3P를 개발할 당시 30세의 패기만만한 엔지니어였는데, 1996년 다니던 직장(한국MS)이 "너무 따분하게 느껴져" 사표를 내고 IT를 개발하는 벤처기업 디지털캐스트를 설립했다. 디지털캐스트는 소프트웨어진흥원이 중소 벤처기업을 지원하기 위해 설립한 서초창업지원실에 둥지를 틀었다.

타고난 개발자였던 황 사장은 그곳에서 인터넷으로 팩시밀리를 전송하는 쿨팩스, 중앙 컴퓨터와 PC단말기 간에 데이터를 주고받을 수 있는 소프트웨어 등을 개발해 데이콤 등 정보통신 관련 업체에 판매하는 것으로 회사를 꾸려 나갔다.

MP3P를 개발한 것도 그 연장선상에서 이루어졌다. MP3 파일을 내려받아 PC로 공짜 음악을 즐기는 것은 MP3가 국제공인을 받은 직후인 1995~1996년 국내 PC 파워유저들 사이에도 큰 인기를 끌었다.

황 사장은 "이 파일을 저장해 들고 다니면서 음악을 들을 수 있는 제품을 개발한다면 큰돈을 벌 수 있겠다"고 생각했다. MP3P를 만들어 워크맨을 대체하겠다는 꿈을 가진 것이다. 물론 당시 이러한 가능성을 발견한 사람이 황 사장뿐이었던 것은 결코 아니다. 네덜란드 필립스와 일본 소니 등 세계적인 가정용 전자업체들도 MP3P 개발을 추진했다. 따라서 이들과 누가 먼저 제품을 내놓고 선두주자가 되느냐의 경쟁이 시작되었다.

디지털캐스트는 1997년 초 세계 최초로 MP3P 시제품을 내놓았다. 경쟁에서 승리한 것이다. 황 사장은 "세계적인 대형업체들이 내부 문제에 걸려 개발을 주저하는 사이에 혼자 앞서갈 수 있었다"고 회고한다.

실제로 일본 소니는 기존 사업 분야인 미니디스크플레이어나 음반시장의 위축을 우려해 MP3P 개발 아이디어를 갖고도 선뜻 나서지 못하고 있었다. 황 사장은 이런 틈새를 노려 세계 최초로 MP3P를 내놓을 수 있었다. 그의 성공 뒤에는 숨은 공로자가 있었다. 바로 디지털캐스트에 연구자금을 투자했던 김준수 전 인터월드 사장이다.

공인회계사 출신의 김 사장은 1990년대 초 제조업 경영자로 변신해 큰돈을 벌었다. 그는 1990년대 후반부터 그 돈을 인터넷 비즈니스에 투자하고 있었다. 그가 대표로 있던 인터월드는 웹투어 여행사 및 낚시·안경·할인점 등 5개의 전문 웹사이트를 운영하며 인터넷 비즈니스의 선두주자로 부상했다. 김 사장은 또 유망 벤처기업에 연구자금을 투자했는데, 황정하 사장이 개발한 MP3P도 그중의 하나였다.

IMF(국제통화기금) 체제가 들어서기 전이었던 당시만 해도 벤처기업에 투자하는 사람은 드물었다. 따라서 황 사장도 회사를 설립한 후 연구개발 자금을 유치하는 데 큰 어려움을 겪고 있었다.

이때 김 사장은 데이콤에 있는 엔지니어 출신 친구 민온기 부장의 추천으로 황정하 사장을 만나 MP3P에 대한 설명을 듣고 의기투합해 그 자리에서 3억 원을 투자했다. 황 사장은 그로부터 꼭 6개월이 지난 1997년 말, MP3P(시제품)를 개발하는 데 성공함으로써 그에 보답했다.

이제 남은 과제는 양산 제품 개발 및 마케팅. 이는 중소기업이 감당하기에는 벅찼다. 김 사장도 더 이상 투자하기는 어려웠다. 이들은 양산 제품 개발 및 마케팅을 위한 파트너를 찾아나섰다. 이때 나타난 회사가 바로 새한정보시스템이다. 새한정보시스템은 새한미디어 그룹의 전산 시스템을 운영하는 자회사(시스템통합, SI)였다.

두 회사는 전략적 제휴를 맺고 곧바로 합동 연구팀을 구성해 MP3P 개발에 나섰다. 이들은 1997년 말 12곡의 디지털 음악을 저장할 수 있는 MP3P(MP맨)를 개발했고 그 이듬해 3월 독일에서 열린 세빗 전시회에 출품, 큰 관심을 끌었다.

이들의 노력에 힘입어 우리나라는 'MP3P 종주국'으로 한때 세계 시장을 주도하기에 이르렀다. 새한 외에도 레인콤, 코원 등의 업체들이 MP3P 시장에서 '메이드 인 코리아'의 명성을 높였다.

5장 | '대한민국 특산품' MP3P

MP3P는 우리나라를 대표하는 '특산품'이다. MP3P를 처음 개발한 것도, 전 세계 시장에 보급한 것도 모두 우리나라 엔지니어와 기업가들에 의해 이루어졌다.

따라서 'MP3P=한국'이라는 등식이 만들어졌다. 당연히 우리나라 업체들이 초기 MP3P 시장을 주도했다.

1. 첫 MP3P 내놓은 새한정보시스템

새한정보시스템을 빼고 우리나라 MP3P의 역사를 이야기하기는 어렵다. 이 회사는 초기 MP3P 시장을 개척하는 데 큰 공을 세웠다. ≪전자신문≫ 기사가 그 내용을 전하고 있다.

새한정보시스템이 출시한 MP3P 'MP맨'은 지금까지 선보인 디지털 오

새한정보시스템 문광수 전 사장

디오 가운데 가장 진보된 개념의 제품이다.

'MP맨'은 기존 헤드폰카세트와 형태가 비슷하지만 내부는 전혀 다르다. 데크메커니즘과 같은 기계적 구동장치가 전혀 없고 단지 반도체 칩 몇 개만으로 소리를 재생하기 때문이다.

새한정보시스템이 국내 벤처기업인 디지털캐스트와 공동으로 개발한 MP맨은 16~64메가바이트(MB)의 플래시메모리에 MP3파일을 저장해 들을 수 있는 휴대형 오디오로 CD에 버금가는 음질을 재생할 수 있을 뿐 아니라 컴퓨터의 각종 파일들도 저장할 수 있어 앞으로 여러 가지 용도로 활용될 전망이다.

이 회사 문광수 사장은 "최근 PC통신이나 인터넷에서 오디오용 컴퓨터 파일의 한 형태인 MP3파일의 보급이 급증하고 있는 데다 기존 CD나 테이프보다 MP3 파일로 음악을 듣는 네티즌들이 빠르게 확산되고 있는 것에 착안해 MP3파일을 재생할 수 있는 제품을 개발하게 됐다"고 설명했다.

문 사장은 "MP3 파일을 전용으로 재생할 수 있는 기기는 세계에서 'MP맨'이 처음"이라며 "국내뿐 아니라 전 세계를 대상으로 제품을 판매하겠다"고 의욕을 보였다. 그러나 문 사장은 "MP맨이 새로운 개념의 제품이어서 소비자들에게 홍보하는 데 애를 먹고 있다"고 털어놓았다.[1]

사실 이러한 고민은 새로운 시장을 개척하는 기업이라면 누구도 피할 수 없다. 어쩌면 '행복한 고민'일 것이다.

선발주자가 시장을 개척하면 수많은 경쟁업체들이 몰려든다. MP3P도 예외가 아니었다. MP3P의 성능이 향상되고 세계 시장에서 수요가

---

1 "새한정보시스템 문광수 사장", ≪전자신문≫, 1998년 2월 23일자.

늘어남에 따라 이 분야에 새롭게 진출하는 업체도 기하
급수적으로 늘어났다.

2. MP3P '춘추전국시대'

≪전자신문≫에 따르면 1999년 중반에 이미 MP3P
업체 숫자가 100여 개사에 달해 '춘추전국시대'를 맞고
있었다.

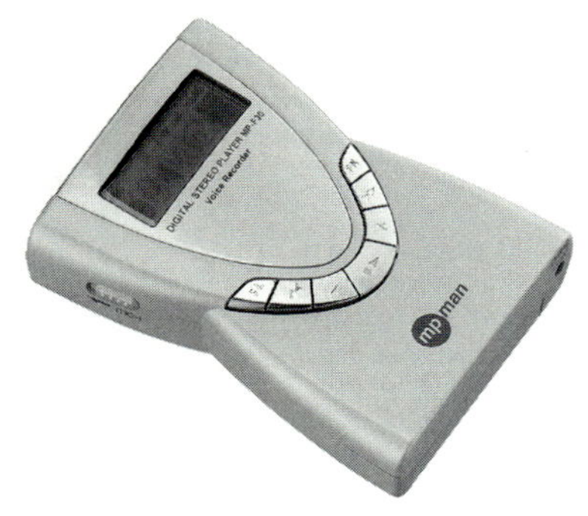

세계 최초의 MP3플레이어 MP맨. 노래 12곡을 저장할
수 있다.

세계적인 가전·컴퓨터·정보통신 업체들이 차세대 디지털 오디오 기기
로 급부상중인 MP3P 분야에 속속 뛰어들고 있다.

새한정보시스템·삼성전자·디지털웨이·에이맥정보통신·씨노스테크 등
국내 주요 MP3P 생산업체들은 센서리사이언스·크리에이티브·RFC·보예
트라터틀비치 등 세계적인 가전·컴퓨터·정보통신 업체들과 제휴를 맺고
해외 시장 공략을 본격화하고 있다.

반대로 미국·영국·일본·싱가포르 등 세계 각국의 주요 가전·컴퓨터·정
보통신 업체들도 서둘러 MP3P 시장에 진출하기 위해 우리나라 업체들과
제휴를 맺고 있다.

일본 고베철강소를 비롯해 독일의 폰티스, 프랑스의 톰슨멀티미디어,
영국의 케임브리지디자인 등은 자체 모델을 앞세워 MP3P 시장 진출을 서
두르고 있다.

이에 따라 올 하반기부터는 세계 시장도 춘추전국시대를 방불케 하는
경쟁체제에 돌입할 것으로 예상된다.

새한정보시스템(대표 문광수)은 미국 가전업체인 센서리사이언스를

비롯해 컴퓨터주변기기업체인 아이거랩스, 유통전문업체인 잉그램마이
크로 등 세계 주요업체와 최근 잇따라 전략적 제휴를 맺고 'MP맨'의 세계
화 전략을 본격화하고 있다.

디지털웨이(대표 범재룡·김종귀)도 종합무역상사인 대우를 통해 싱가
포르의 RFC와 수출계약을 체결하고 이미 1차 물량을 선적했는데 RFC는
이 제품을 '재즈파이퍼(Jazpiper)'라는 브랜드로 세계적인 인터넷 쇼핑몰
인 M2온라인(엠스쿼드)을 통해 판매하고 있다.

프랑스의 톰슨멀티미디어와 관계회사인 미국 RCA는 플래시메모리
방식의 MP3P를 개발해 '리라(Lyra)'라는 브랜드로 올 가을께 출시하기
로 했다.

일본 고베 철강소는 일본전신전화(NTT)와 공동 개발한 플래시메모리
방식의 MP3P를 오는 7월부터 판매키로 하는 등 시장경쟁에 참여할 예정
이다.

독일 벤처기업인 폰티스도 착탈식 멀티미디어 메모리 카드를 채용한
MP3P를 자체 개발해 헥사글로트(Hexaglot) 사를 통해 'MPlayer3'라는 브
랜드로 시판에 나섰다.[2]

이 기사에서 보듯이 초기 MP3P 시장은 우리나라 업체들이 장악한 것
이 분명하다. 세계 양대 멀티미디어 업체인 미국 다이아몬드멀티미디
어시스템스와 싱가포르의 크리에이티브 등 유명 회사들도 우리나라 업
체들이 개발한 MP3P를 판매하기 위해 몰려들었다. 이처럼 우리나라 IT
관련 업체들이 글로벌 시장을 주도한 것은 MP3P가 최초였다.

2 "세계 MP3P 시장 '춘추전국시대' 맞았다", 《전자신문》, 1999년 6월 14일자.

3. 세빗 전시회 빛낸 '메이드 인 코리아'

이에 앞서 1999년 3월 독일에서 열린 세빗(CeBIT) 전
시회는 우리나라 MP3P 업체들을 위한 '특설무대'였다.
≪전자신문≫ 기사가 당시 전시회 분위기를 생생하게
전하고 있다.

바이어들로 북적이는 새한정보시스템의 세빗 전시관
모습

우리나라가 세계 최초로 상품화한 차세대 디지털 오디
오기기인 MP3P의 열풍이 하노버 '세빗99' 전시회장을 뜨겁
게 달구고 있다.

새한정보시스템을 필두로 삼성전자·에이맥정보통신·디
지털웨이·바로비젼 등 국내 MP3P 업체들은 이번 세빗99 전
시회에 신제품과 양산모델을 대거 출품하고, 해외 바이어들
을 상대로 열띤 홍보전과 함께 활발한 수출 상담을 벌이고
있다.

새한의 차량용 MP3플레이어

새한정보시스템과 삼성전자 부스는 물론 국산 MP3P를 전
시한 세계 양대 멀티미디어 전문업체인 미국 다이아몬드멀
티미디어시스템스와 크리에이티브, 그리고 세계적인 MP3칩
생산업체인 독일의 미크로너스 부스에는 연일 바이어 및 관
람객들로 북새통을 이루고 있다.

새한정보시스템(대표 문광수)은 이번 전시회를 계기로 세
계 MP3플레이어 시장을 주도하기 위해 플래시메모리를 탑
재한 'MPF20'과 'MPF30' 등 2개 주력 신 모델을 비롯해 3.5
인치 하드디스크드라이브를 채용한 'MPH10' 등 MP맨 시리
즈를 대거 출품해 관람객들로부터 큰 호응을 얻은 데 힘입어
유럽·일본·미주 등의 바이어들과 구체적인 수출 상담을 전

삼성 세빗 전시관의 새로운 얼굴, MP3플레이어(YP 20)

개하고 있다.

특히 새한정보시스템은 이번 전시회에서 독일 프라운호퍼(Fraunhofer) 연구소와 공동으로 하나의 칩으로 인코딩과 디코딩을 처리할 수 있도록 개발한 'MP맨 리코더블R'를 발표, 주목을 끌었다.

지금까지 MP3P를 통해 MP3 음악을 감상하려면 PC에서 MP3 음악파일을 내려받아야 했지만 'MP맨 리코더블R'을 사용하면 별도의 PC 인코딩 소프트웨어 없이도 CDP에서 곧바로 MP3파일로 압축하고 재생도 할 수 있다.

새한정보시스템은 부스에 마련된 데모룸에서 관람객들을 대상으로 'MP맨 리코더블R'를 이용해 CD소스를 MP3파일로 압축한 후 MP맨을 통해 재생하는 시연을 펼쳐 좋은 반응을 얻고 있다.

디지털웨이(대표 김종귀)는 이번 전시회에서 주문자상표부착생산방식(OEM) 거래선인 세계적인 멀티미디어 전문업체인 크리에이티브와 MP3디코더 생산업체인 미크로너스 부스를 통해 자체 개발한 플래시메모리 타입의 MP3플레이어를 처음으로 발표했다.

에이맥정보통신(대표 정창석)도 자체 개발한 플래시메모리 타입 MP3P인 '한소리' 시리즈 3개 모델을 이번 전시회를 통해 처음으로 발표, 관람객들로부터 좋은 반응을 얻었다.

한 관계자는 "이번 전시회에 눈에 크게 띌 만한 신제품이 거의 없는 가운데 우리나라가 세계 최초로 상품화한 MP3P가 국내 업체들과 외국 업체들의 부스에 대거 출품돼 바이어들과 관람객의 시선을 한 몸에 받고 있다"며 "MP3P가 이번 CeBIT을 통해 세계적인 히트 상품의 대열에 오를 수 있을 것으로 예상된다"고 말했다.[3]

---

3 "〈여기는 CeBIT〉 하노버는 온통 'MP3 열풍'", ≪전자신문≫, 1999년 3월 22일자.

이 기사를 보면 당시 MP3P에 대한 기대가 얼마나 높았는지 알 수 있다. 그러면 그 후 MP3P 시장은 이들의 기대에 부응했을까? 이에 대한 대답은 사람마다 다를 것이다.

단순히 MP3P 시장이 성장한 것만 보면 이들의 기대를 충족시키고도 남는다. 무엇보다도 1990년대 말 수십만 대에 그쳤던 MP3P 시장의 규모가 매년 두 배 이상씩 늘어나 지난해 약 1억 2,000만 대로 증가한 것이 이를 입증하고 있다.

그러나 MP3P가 초기 보급단계를 지나 도약단계로 들어서면서 우리나라 업체들은 시장에서 주도권을 상실했다. 그 이유는 무엇일까?

미국 인터넷 신문 'C넷' 기사를 읽으면 당시 혼란스러운 상황을 이해할 수 있다. 바로 '세계 최초 MP3P의 영광은 누구'라는 제목이 붙은 기사다. 엘리엇 밴 버스커크 기자가 쓴 이 기사는 "MP3P에 대해 상당히 많이 알고 있는 사람조차 새한의 'MP맨'보다 6달 정도 늦게 나온 다이아몬드멀티미디어의 '리오'를 세계 최초의 MP3P로 잘못 알고 있다"고 소개했다.[4]

4. 리오, 미국서 인기몰이

기사는 이어 여기에 얽힌 재미있는 사연을 전하고 있다. 주요 내용을

---

[4] "Bragging rights to the world's first MP3 player", C넷, 2005년 1월 25일, http://news.cnet.com/Bragging-rights-to-the-worlds-first-MP3-player/2010-1041_3-5548180.html.

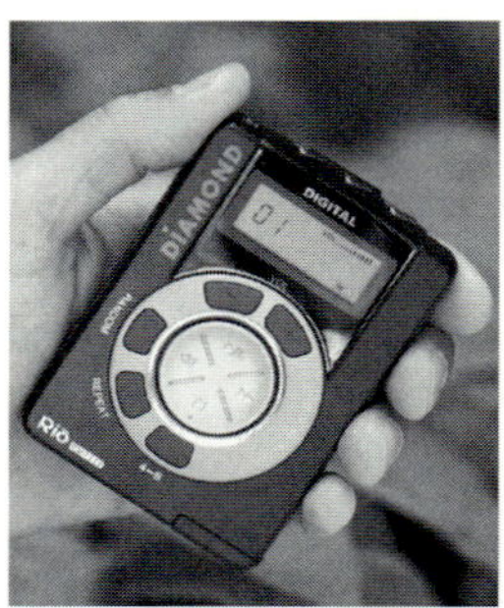

소개한다.

새한이 개발한 MP맨은 1998년 봄과 여름부터 각각 아시아와 미국 시장에 선보였지만 별다른 관심을 끌지 못했다. 이에 비해 다이아몬드 멀티미디어의 '리오'는 1998년 9월 미국 시장에 첫선을 보이자마자 선풍적인 인기를 끌며 출시 1년 만에 약 50만 대가 팔렸다. 이는 미국 MP3P 시장의 약 90%에 해당하는 수치다.

이에 대응해 미국음반협회(the Recording Industry Association of America: RIAA)가 다이아몬드멀티미디어를 저작권 위반혐의로 법원에 제소했고 이후 RIAA와 다이아몬드멀티미디어는 지루한 법정 공방을 벌였다.

이는 '리오' 브랜드를 널리 알리는 계기가 됐다. 법정 공방 덕에 MP3P 하면 'MP맨'보다 '리오'를 먼저 떠올리게 되었다고 버스커크 기자는 설명했다. 그러면 RIAA는 왜 MP맨을 공급하는 새한을 소송에서 제외했을까?

이에 대해 버스커크 기자는 "미국에 생산기반이 없는 새한을 고소하면 소송에서 이겨도 이를 집행하는 것은 한국 법원이기 때문에 실효성이 떨어진다고 판단했을 것"이라고 분석했다. 이 대목에서 의문은 꼬리를 물고 일어난다. 우리나라에서 개발된 MP3P 기술이 어떤 과정을 거쳐 미국 다이아몬드멀티미디어로 넘어갔느냐 하는 점이다.

사실 새한의 MP맨과 다이아몬드멀티미디어의 '리오'는 같은 기술에 뿌리를 두고 있었다. 두 제품 모두 황정하 씨가 개발한 MP3P 기술을 사용했기 때문이다. 디지털캐스트와 새한정보시스템은 MP

맨을 개발한 후 마케팅 등을 놓고 큰 의견 차이를 보였다.

이에 대해 디지털캐스트에 투자했던 김준수 전 인터월드 사장은 "기본적으로 대기업인 새한정보시스템은 MP3P와 같은 기술 중심의 벤처 비즈니스를 하기에는 무리가 있었다"고 회고한다.

황 사장도 "기술개발보다 홍보에 열을 올리는" 대기업과의 협력에 한계를 느끼고 독자 사업의 길로 나섰다고 밝혔다. 그러나 자금을 확보하는 것이 문제였다. MP3P를 개발하는 데 그치지 않고 양산을 하기 위해서는 많은 자금이 필요했기 때문이다.

이때 미국의 그래픽카드업체인 다이아몬드멀티미디어사가 투자를 제의해왔고 디지털캐스트는 이 제안을 수용, 다이아몬드사의 한국 법인으로 전환하는 계약을 체결했다.

황 사장은 '리오'라는 이름의 휴대형 MP3P를 1998년 9월 미국 시장에 출시했으며 일본·유럽·호주·중국 등에 잇따라 선보였다. 이를 계기로 'MP3P=리오'라는 등식이 만들어진 것이다. 그러나 '리오 천하'도 오래가지 못했다. 다이아몬드멀티미디어는 RIAA와 지루한 법정 공방을 벌이면서 회사 경영이 어려워져 1999년 리오(MP3P) 사업부를 소닉블루에 넘겼다. 리오는 다시 일본 D&M 홀딩스의 품에 안겼다가 2005년 7월 영원히 역사 속으로 사라졌다.

새한도 마찬가지다. 문광수 사장은 2000년 엠피맨닷컴을 설립해 독립하지만 빛을 보지 못하고 2004년 회사 자산(특허)을 후발주자인 레인콤에 매각한다. 두 회사를 포함해 MP3P를 '대한민국 특산품'으로 만들었던 주역들 중에 지금까지 살아남은 회사는 많지 않다.

이 부분에서 따져봐야 할 것이 있다. 바로 새로운 시장을 개척한 회사가 왜 그 과실을 따지 못하고 시장에서 사라지고 있는가 하는 점이다.

이 문제를 연구하는 학자로 런던 경영대학원 콘스탄티노스 마르키데스 교수를 꼽을 수 있다.

그가 펴낸 책 『신시장을 지배하는 재빠른 2등 전략(Fast Second)』(리더스북)을 보면 새로운 시장을 개척하는 회사와 성숙단계에 이르렀을 때 시장을 지배하는 회사가 따로 있다고 한다. 무엇보다 그의 이론은 MP3P 업계에서 일어나고 있는 판도변화를 이해하는 데 큰 도움이 된다.

마르키데스 교수는 많은 신기술 업종의 탄생을 지켜보면서 새로운 시장에 진입하는 기업들에는 공통점이 있다는 것을 발견했다. 그것은 바로 열정이 넘친다는 점이다. 그들은 기본적인 과학기술을 이해하고 그것을 활용하는 데 관심이 많다.

그리고 그들은 소비자들도 새로운 과학기술에 관심이 있고 그들이 하고 있는 일의 가치를 인정할 것이라고 생각한다. 또 새로운 기술이 가져올 수 있는 결과에 대해서는 엄청나게 다른 견해들이 있고, 각각의 견해에 따라 이런저런 실험을 통해 온갖 종류의 신제품이 출시되는 것이다. 즉, 각기 다른 견해를 가진 많은 기업들이 시장에 뛰어들고, 뛰어든 기업들은 새로운 기술을 나름대로 해석해 새로운 제품을 내놓게 된다. 많은 업체들이 진입하는 것도 신기술 시장의 공통점이다. 마르키데스 교수는 그 이유를 세 가지로 설명하고 있다.

첫째 요인은 '정보의 폭포 현상'에 의한 것이다. 처음 시장에 진입하는 기업들은 수익성 좋은 새로운 사업 기회가 있다고 믿고, 그 기회에 위험이 따르더라도 기꺼이 감수하겠다는 생각을 갖는다.

한편 새로운 시장에 진입하고 싶지만 조심성이 많은 진입 희망 기업들은 기회가 확실해지고 수익성이 얼마나 될지 윤곽이 잡힐 때까지 시장에 뛰어들지 않는다.

여기에 중요한 포인트가 있다. 즉, 조심성 많은 진입 희망 기업들은 초기 진입 기업들을 보면서 시장을 판단한다는 점이다. 초기 진입 기업들의 러시를 목격한 진입 희망 기업들에게 열정이 더해지면, 이들은 새로운 시장을 지나치게 낙관적으로 보는 경향이 있다.

많은 기업들의 생각이 긍정적으로 바뀌면 처음 열정을 전파한 기업은 이러한 현상에 고무되어 더 열정적이 된다. 그 결과는 열정의 거품으로 나타난다. 따라서 새로운 시장의 매력은 엄청나게 과장된다.

시장 진화의 초기 단계에서 거품을 만드는 둘째 요인은 '인프라 스트럭처(기반환경)'이다. 인프라 스트럭처는 말 그대로 사업의 터전이기 때문에 새로운 시장에서 생산이나 판매를 하기 위해서는 이를 구축하는 수밖에 다른 도리가 없다. 그러나 주요 기업이 사업을 시작하고 소비자들도 새로운 상품에 관심을 갖기 시작하면 다른 기업이 시장에 진입하는 것은 좀 더 쉬워진다.

초기 진입 시장에 거품이 생기는 셋째 이유는 많은 기업들이 시장에 빨리 진입해야 한다고 믿기 때문이다. 그들은 이른바 '최초 진입자의 이점(First movers advantage)'을 누리고 싶어 한다.

최초 진입자의 이점은 최초 진입자가 시장에 대한 권리를 갖고 중요한 자원을 독점할 때 발생한다. 여기서 중요한 자원은 전문기술을 갖춘 노동력, 필수적인 원자재, 슈퍼마켓의 상품 진열대 등 매우 다양하다.

최초 진입자의 이점이 분명하고 또 중요하기까지 하다면 다른 기업보다 먼저 시장에 진입해야 하는 이유는 충분하다. 그래서 많은 기업들이 초기에 진입하는 모습을 보면, 후발 기업은 더 늦기 전에 조금이라도 빨리 시장에 진입하기 위해 필사적으로 노력하게 마련이다. 그 결과 거대한 파도와 같은 진입 러시가 일어나게 된다.

이들이 모두 성공할 수는 없다. 실제로 새로운 시장에 진입한 기업들은 대부분 오래 버텨내지 못했다. 예를 들어 미국 자동차산업의 경우 1910년까지 업체 수가 급격히 증가해 최고 275개에 달했다. 그러나 이런 급격한 업체 수의 증가는 곧 퇴출의 물결로 이어졌다.

수많은 자동차 회사의 퇴출은 결국 포드·GM·크라이슬러라는 '빅3'만이 남을 때까지 계속되었다. 이들 3개 사의 시장점유율은 1910년에는 39% 수준이었으나 1968년에는 88%로 상승했다.

이와 비슷한 사례는 맥주, 타자기, 고무 타이어 같은 구경제 산업이나 슈퍼컴퓨터, PC 운영체계(OS) 같은 신경제 산업 모두에서 찾아볼 수 있다. 예를 들어 타이어 산업에서 활동하는 기업 수는 1922년에 정점에 이르렀는데 그 숫자는 300개에 달했다. 그중에 약 50개 기업이 1930년대까지 살아남았다. 그러나 1970년에는 23개 기업만이 남아 있었다.

TV시장도 마찬가지다. 1951년 TV 제조업체는 89개에 달했는데 1950년대가 지나기도 전에 40개 이하로 줄어들었다. 1960년대에 들어온 일본 업체들이 시장점유율을 높이면서 1980년대 말 미국 기업들 중에서는 겨우 몇몇 업체만이 남게 되었다. 그리고 1995년 이후에는 TV를 생산하는 미국 기업은 완전히 사라졌다. 이는 MP3P 시장에서도 그대로 재현되고 있다.

6장 | 애플의 등장, 그리고 시장석권

우리나라 신문을 펼치면 '세계 최초'라는 제목이 유난히 많다. 그만큼 우리가 속도에 중독돼 있다는 증거다. 이러한 조급증은 '(글로벌)비즈니스 세계'에서는 도움이 되기보다 걸림돌로 작용할 때가 더 많다.

다음 두 가지 질문을 생각해보자.

성공하는 기업의 조건은 무엇인가? 또 이들이 새로운 시장에 뛰어드는 시점은 언제일까? 이 질문에 대해 마르키데스 교수는 "'지배적 디자인(Dominant Design)'을 만들어 시장을 키울 수 있는 회사만이 시장을 지배할 수 있다"고 주장해 관심을 끈다.

그는 앞서 소개했던 책 『신시장을 지배하는 재빠른 2등 전략』에서 이를 '재빠른 2등 전략'이라고 설명하고 있다.[1]

---

[1] 사실 그의 주장이 새삼스러운 것은 아니다. 그가 소개한 용어(지배적 디자인)도 우리에게 더 낯익은 '업계표준'과 거의 같은 의미로 사용되고 있다. '재빠른 2등 전략'도 애매모호한 표현이다. 이러한 제약에도 불구하고 이 책은 장점이 많다.

마르키데스 교수의 이론을 적용한다면 MP3P 시장에서 '지배적 디자인'을 만든 것은 애플컴퓨터다. 그 이전의 기업들은 "(MP3P 역사에서) 기껏해야 애플에게 길을 내주는 역할밖에 하지 못하고 있다"라는 그의 평가에 고개를 끄덕이게 된다.

이제 질문은 좁혀진다. 바로 뒤늦게 MP3P 시장에 진출한 애플이 어떻게 '지배적 디자인'을 만들어 시장을 독차지할 수 있었을까 하는 점이다.

전 세계 경영학자와 산업 분석가들이 이러한 문제에 대해 다양한 분석을 제시하고 있다. 또 신문과 방송, 잡지 등도 최근 애플 아이팟의 성공 사례를 집중 분석하는 기사들을 잇달아 게재하고 있다. 일반 독자들로서는 정보가 넘쳐나 오히려 곤혹스러울 지경이다.

1. 애플의 성공열쇠: 문화와 SW, 디자인

나는 다행히 3년여 동안 모아놓은 자료 더미에서 애플 성공의 열쇠를 읽을 수 있는 기사를 발견했다.

바로 ≪포천≫의 IT 담당기자 브렌트 슐렌더가 작성한 것이었다. 슐렌더는 아이팟이 발표되기 하루 전날 스티브 잡스를 만나 많은 이야기를 나눴다. 이를 정리한 기사 속에 애플이 MP3P, 더 나아가 디지털 음악시장을 손에 넣을 수 있었던 전략이 들어 있다.

먼저 ≪포천≫에 실렸던 대담 내용부터 살펴보자.

□ 음악의 시대를 열다

질문(슐렌더 기자) = 애플이 팜 사업을 정리한 이유가 뭔가. 분석가들은 이를 의아하게 생각한다. 대신 MP3P 사업에 진출한 특별한 이유가 있는가?

답(스티브 잡스) = 시장에서 1위를 하는 팜(PDA)을 접고 새로운 분야(MP3P)에 진출하는 것은 매우 어려운 결정이었다. 따라서 고민을 많이 했다. 나는 팜이 정말 쓸모가 있는 것인지 따져봤다.

이곳 애플은 물론 디즈니 픽사에서도 팜을 들고 다니는 사람이 지난해에는 약 50%였는데 지금은 10%도 안 된다. 열기가 달아올랐다가 금방 식어버렸다. 결코 팜 직원들을 탓하는 것이 아니다. 누가 억지로 '문화'를 만들 수는 없다는 말을 하고 싶은 것이다.

음악은 다르다. 분명히 '문화'에 속한다. 어쩌면 우리의 유전자 속에도 음악이 들어 있는지 모른다. 음악은 누구나 좋아한다. 따라서 음악은 투기적인 시장이 아니다.

질문 = 애플이 MP3P 시장에서 성공할 것이라고 판단한 근거는?

답 = 간단하다. 지금까지 시장에 나온 MP3P의 품질이 형편없다. 명색이 가전업체에서 이러한 제품을 만드는데 '소프트웨어(SW)'에 대해 아무것도 모르는 사람들이 만든 것이 분명하다.

우리는 조금 늦게 이 시장에 진출했지만 충분히 승산이 있다. 우리의 장기가 뭔가? 바로 'SW와 디자인'이다.[2]

이 짧은 인터뷰 속에 후발주자인 애플이 성공할 수 있었던 열쇠가 들

---

[2] "Apple's 21st-century Walkman", ≪포천≫, 2001년 11월 12일자, p.120.

어 있다. 그것은 바로 '문화와 SW, 디자인'이다. 애플은 단순히 전략뿐만 아니라 이를 실행에 옮길 수 있는 능력도 갖추고 있었다. 이런 점에서도 애플은 (MP3P 분야에 먼저 진출했지만 후발주자인 애플과의 경쟁에서 패배해 지금은 사라진) 선발업체들과 달랐다.

이를 고려하면 애플은 MP3P 시장에 결코 늦게 참여한 것이 아니다. 마르키데스 교수의 표현을 빌리면 "적절한 시점에 참여했다"고 볼 수 있다. 이어 "'지배적 디자인'을 만들어 시장을 장악했다"라는 해석도 과장이 아니라는 생각이 든다.

애플은 이때 이미 음악시장을 공략하기 위한 만반의 준비를 갖춘 상황이었다. 음악시장을 공략하기 위한 전진기지가 된 것은 2001년 초부터 가동에 들어간 인터넷 음악 서비스 '아이튠즈'였다. 아이튠즈는 매킨토시컴퓨터에서 최고의 인기를 누렸던 음악 소프트웨어 '사운드잼 MP'를 인터넷 시대에 맞게 개편한 온라인 음악 서비스였다.

스티브 잡스는 2001년 1월 샌프란시스코에서 열린 맥월드 엑스포에서 아이튠즈를 발표한 직후 휴대용 음악단말기(MP3P) 시장 진출을 결심한 것으로 알려졌다. 이어 이를 위한 태스크포스 팀을 정식으로 발족시킨 것은 4월이다. 존 루빈스타인 부사장이 책임자로 임명됐다. 그는 다시 '사운드잼 MP'를 개발한 하드웨어 엔지니어 토니 파델을 스카우트했다. 이들에게 주어진 시간은 겨우 6달. 이 기간 동안 백지상태에서 MP3P, 그것도 상용제품을 개발해야 했다.

새로운 분야에서, 그것도 기존 제품보다 성능과 디자인에서 모두 월등한 제품을 내놓을 수 있는 기업이 몇이나 될까?

그러나 애플에서는 이러한 일도 다반사로 일어난다. 바로 최고경영자(CEO) 스티브 잡스가 '노예감독이나 작업반장, 연기주임' 같은 악역

을 맡아 부하직원들을 채찍질하고 몰아붙였기 때문에 가능한
일이다.[3]

최고의 엔지니어들이 이 프로젝트에 투입됐다. 하드웨어
엔지니어와 소프트웨어 프로그래머, 그리고 디자이너까지 포
함해 개발인력만 50명에 달했다. 이들이 소비자들의 반응을
알아보기 위한 시제품 제작을 마친 것은 8월이다. 그러나 디
자인은 공개되지 않은 상황이었다.

플라스틱 상자에 담긴 시제품은 실제보다 부피가 컸다. 또
제어장치와 연결된 전선들은 상자 바깥에까지 튀어나와 볼썽
사나웠다. 포장 박스에 담긴 내용물만 봐서는 실제로 기기에
서 제어장치가 어디에 위치하고 있는지조차 파악하기 어려웠
다. 그러나 이는 경쟁업체들의 눈을 가리기 위한 전략이었다.

그런데 시제품을 마지막으로 테스트하는 과정에서 치명적인 결함이
발견됐다. 바로 전원을 꺼놓은 상태에서도 시제품의 배터리가 계속 닳
는 것이었다.

이는 사용자가 전원을 끄고 잠자리에 들었다가 아침에 일어나면
MP3P의 배터리가 자연 방전되어 음악을 들을 수 없는 최악의 상황이
벌어지는 것을 의미했다. 그러나 이때는 이미 신제품 생산라인이 가동
되고 있었다. 아이팟 프로젝트가 최대 위기를 맞는 순간이었다.

이 문제를 수습한 것도 잠시, 또 다른 악재들이 잇달아 터져 나왔다.
세계 최대 칩 제조회사인 인텔이 가전분야에서 손을 떼겠다고 발표했

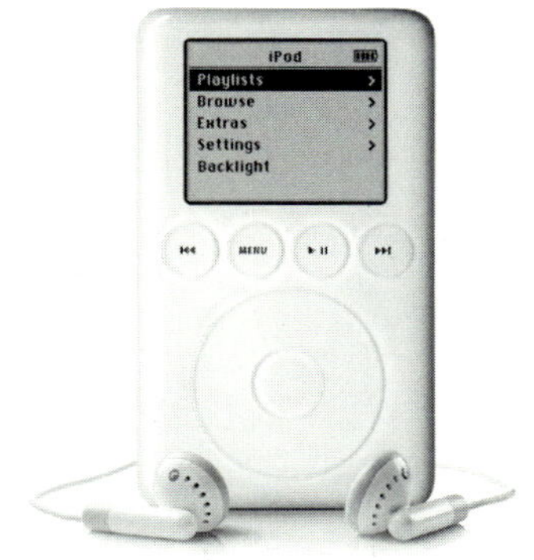
제품을 넘어 하나의 문화현상으로 자리 잡은
애플 아이팟

---

3 윌리엄 사이먼, 『iCon 스티브 잡스』, 360쪽.

다. 기술과 자본을 모두 갖추고 있는 인텔조차 가전분야에서는 살아남을 방법이 없다고 판단한 것이다. 인텔이 포기하기로 한 가전제품 중의 하나가 바로 애플이 차세대 먹거리로 개발하고 있던 MP3P였다.

이어 미국 자본주의를 상징하는 뉴욕 세계무역센터를 잿더미로 만든 비행기 폭탄 테러사건이 일어났다. 신제품 발표일(10월 23일)을 불과 한 달여 앞둔 9월 11일 발생한 이 사건이 애플에게는 최대 악재였다.

전 세계 신문과 방송이 연일 9·11 사건을 보도하면서 미국인들은 경악했고, 그 영향을 받아 애플 본사가 있는 실리콘밸리(산호세) 주변 지역의 하이테크 경제는 싸늘하게 얼어붙었다.

이러한 최악의 분위기 속에서 아이팟을 세상에 소개할 시간이 다가왔다. 정확하게 2001년 10월 23일, 애플은 새로 개발한 MP3P '아이팟'을 발표했다.

이날 공개된 아이팟은 배터리 문제가 완전히 해결된 상태였다. 따라서 한 번 충전하면 10시간을 사용할 수 있었다. 겉모습은 흰색이었다. 산뜻하고 빛까지 나, 단숨에 사람들의 눈길을 사로잡았다.

또 아이팟은 당시 MP3P의 주류를 이뤘던 플래시메모리 대신 하드디스크드라이브(5GB)를 사용했다. 5기가바이트(GB)는 MP3 음악을 무려 1,000곡이나 저장할 수 있는 용량이다. 이를 주머니 속에 넣고 다니면서 언제 어디서나 자신이 좋아하는 음악을 무제한으로 들을 수 있게 됐다. 이는 음악을 감상하는 방식에 혁명적인 변화를 예고하는 것이었다.

애플 CEO 스티브 잡스는 확신에 가득 찬 목소리로 외쳤다. "아이팟이 나온 이상 음악을 듣는 일이 절대로 예전과 같을 수는 없을 것"이라고. 그의 예상은 적중했다. 아이팟은 최근 애플은 물론 산업 역사상 최고의 베스트셀러로 평가받고 있다.

그러나 하이테크 산업의 판도를 바꿀 제품을 정확하게 평가할 수 있는 전문가는 많지 않다. 아이팟에 대해서도 전문가들의 평가는 크게 엇갈렸다.

당시에는 다양한 크기와 저장용량을 가진 MP3P 모델들이 시장에 나와 있었다. 이에 따라 대부분의 산업 분석가들은 "아이팟의 소프트웨어와 디자인의 우수성"을 높게 평가했지만 동시에 "가격이 지나치게 높다"며 유보적인 태도를 취했다.

이들의 설명 또한 수긍할 만한 대목이 있었다. 바로 몇 년 전에 내놓았다가 곧 사업을 접었던 휴대용 디지털 단말기(PDA) '뉴턴'의 재판이 아닐까 하고 의심해볼 수 있는 상황이었기 때문이다. 뉴턴 역시 필기인식 등 기술적으로는 매우 우수한 제품이지만 가격이 비싸 실패했다.

이러한 비판에도 스티브 잡스는 뚝심으로 밀고 나갔다. "절대로, 절대로 포기하지 않는다." 그리고 '(비관론자들이) 보라는 듯이' 대성공을 거뒀다.

스티브 잡스는 무엇을 믿고 이처럼 큰소리 쳤을까? 이에 대한 대답은 크게 세 가지로 설명할 수 있다.

우선 꼽을 수 있는 것은 최고의 제품을 개발할 수 있는 능력이다. 또 치밀한 인터넷 및 콘텐츠 전략도 각각 아이팟의 성공에 중요한 역할을 담당했다. 이러한 요인들이 상승작용을 하면서 '산업 역사상 최고의 베스트셀러'가 만들어진 것이다.

2. 명품 MP3P 개발

아이팟을 개발하는 데 투입된 시간은 6달에 불과했다. 이 기간 동안 애플은 원점에서 시작해 세계 최고의 MP3P를 만들어냈다.

경쟁업체들조차 아이팟에는 찬사를 보내는 이유는 따로 있다. 그것은 바로 애플이 누구나 알고 있는 기술과 이미 나와 있는 범용부품을 사용해 '명품(음악재생기)'을 만들어냈다는 점이다. 이를 이해하기 위해 아이팟 내부가 어떻게 구성되어 있는지 살펴보자.[4]

❏ 하드웨어

인쇄회로기판(PCB)을 포함한 내부 기술은 포털플레이어가 개발한 것을 사용했다.

하드웨어 디자인 업체인 포털플레이어는 휴대용 디지털 음악재생기(MP3P)부터 거실용 대형 오디오까지 각종 디지털 오디오 제품을 설계해 IT 및 가전업체들에게 공급해왔다.

당시 포털플레이어는 MP3P 분야에서 독보적인 위치를 차지하고 있었다. 미국 IBM과 싱가포르의 크리에이티브 등 10여 개 회사가 포털플레이어 디자인에 기반을 둔 MP3P를 개발할 정도였다.

애플은 2001년 포털플레이어와 전략적 제휴를 체결하면서 다른 업체와의 관계를 모두 정리할 것을 요구해 이를 관철시켰다. 포털플레이어의 미국 직원 200명 및 인도 엔지니어 80명은 그 후 6달 동안 아이팟 개

---

4 윌리엄 사이먼, 『iCon 스티브 잡스』, 74-77쪽.

발에 매달렸다.

아이팟의 다른 핵심 부품들도 대부분 시장에서 구입하거나 사용권 허가(license)를 받은 것이었다. 아이팟의 얇은 충전용 배터리는 소니에서 구입했고 1.8인치짜리 하드디스크드라이브는 도시바 제품을 사용했다. 또 다른 주요 부품도 텍사스인스트루먼트와 샤프전자, 스코틀랜드의 벤처기업 울프슨마이크로일렉트로닉스에서 생산된 제품을 각각 사용했다.

그러나 같은 재료라고 해서 음식 맛까지 같을 수는 없는 법. 스티브 잡스가 이끄는 아이팟 개발팀은 이들 범용부품을 사용해서 세계 최고의 휴대용 디지털 음악재생기를 만들어냈다.

하드웨어 공급업체들은 특히 이 부분을 높이 평가했다. 울프슨의 마케팅 담당 부사장 줄리안 헤이즈는 "아이팟의 참된 가치는 범용부품을 모아 조립하고, 디자인을 최적화해 최고의 성능을 내는 데 있다"고 극찬했다.

아이팟 터치

□ 소프트웨어

아이팟의 진가는 사용하기 편하다는 점이다. 이는 하드웨어보다는 소프트웨어의 몫이다.

아이팟을 작동시키는 소프트웨어를 개발한 회사는 실리콘밸리의 또 다른 벤처기업 픽소(Pixo)다. 아이팟의 그래픽, 메모리 관리, 데이터베이스 기능 등 기본 요소는 모두 픽소의 소프트웨어에서 거의 그대로 가져왔다. 픽소는 또 연락처와 달력, 일정표 등과 같은 다양한 응용 프로그램도 제공했다.

여기에 애플의 디자인팀도 힘을 보탰다. 바로 스크롤 방식으로 가수,

노래, 장르 메뉴를 선택하는 것 등 아이팟의 세련된 인터페이스는 애플 디자이너들의 몫이었다. 이런 과정을 통해서 '명품'이 탄생했다.

미국 경제주간지 ≪포천≫의 IT 담당기자 브렌트 슐렌더는 일찍부터 아이팟의 성공 가능성을 간파했다. 그는 아이팟을 발표하기 하루 전날 스티브 잡스를 만나고 난 후 쓴 기사("애플이 개발한 21세기형 워크맨")에서 "(아이팟은) 지금까지 세상에 존재하지 않았던 휴대용 디지털 음악재생기의 '명품(widget)'"이라고 극찬했다.[5]

3. 인터넷 전략

> "맥 사용자들은 이제 인터넷에서 윈텔 사용자들이 꿈도 꾸지 못하는 일을 할 수 있게 됐다."
> - 스티브 잡스, 2000년 1월 5일 '아이툴즈(iTools)'를 발표하면서.[6]

아이팟이 단숨에 MP3P 시장을 손에 넣을 수 있었던 것은 주연(아이팟) 못지않은 조연들의 활약 덕분이었다. 바로 애플이 오랫동안 계획하고 실행에 옮긴 인터넷 및 콘텐츠 전략이다.

이에 대해서는 흔히 '아이튠즈(2001년)'나 '아이튠즈뮤직스토어(2003년)' 정도로만 알려져 있는데, 이는 애플이 1990년대 말부터 추진하고 있는 인터넷 전략의 극히 일부분이다.

---

5 "Apple's 21st-century Walkman", ≪포천≫, 2001년 11월 12일자, pp.117~121.
6 시릴 피베, 『iCEO 스티브 잡스』, 유정현 옮김(서울: 이콘, 2005), 117~159쪽.

애플의 인터넷 전략이 구체적으로 모습을 드러낸 것은 1999년 말로 거슬러 올라간다. 애플은 이때 '아이무비즈'라는 동영상 편집기를 발표했다. 아이무비즈란 비디오카메라를 가지고 있는 사람들이 비디오를 촬영해 컴퓨터로 직접 편집까지 할 수 있도록 해주는 도구였다.

애플은 이어 2000년 1월 인터넷 프로그램 4개를 한꺼번에 발표했다. 바로 '아이툴즈(iTools)'다. 이들 프로그램을 간략하게 소개하면, '키드세이프(KidSafe)'는 어린이들이 인터넷을 할 때 일부 콘텐츠를 차단해주는 프로그램이다. 또 사용자들이 홈페이지를 만들 수 있게 해주는 '홈페이지(Homepage)'와 e메일을 사용할 수 있는 '맥닷컴(Mac.com)', 데이터 저장 공간을 빌려주는 '아이디스크(iDisk)' 등도 동시에 선보였다.

이어 가상카드를 보낼 수 있는 '아이카드(iCards)'를 선보여 큰 인기를 끌었다. 이를 계기로 애플 웹사이트에 소비자들이 몰려들면서 마케팅 활동에도 중요한 역할을 담당하게 된다.

실제로 2000년 2분기에 들어서면서 웹사이트 방문자는 주당 900만 명을 기록했고, 이에 힘입어 온라인 쇼핑몰의 매출액도 10억 달러 선을 돌파했다. 이는 애플 전체 매출액에서 약 20%를 차지하는 것이다.

애플은 2001년 아이툴즈에 디지털 음악을 위한 응용 프로그램인 '아이튠즈'를 추가한다. 이 소프트웨어는 "세상에서 가장 훌륭하고 가장 사용하기 쉬운" 가상의 음악센터(주크박스)로 소개됐다. 사용자들은 이 프로그램을 이용해 음악을 CD에 녹음한 후 감상하거나 MP3 파일로 변환할 수 있었다.

아이튠즈는 큰 인기를 끌었다. 사용자들은 일주일 만에 애플 사이트에서 이 소프트웨어를 27만 회나 무료로 내려받았고, 처음 한 달 동안에는 무려 70만 회 이상을 내려받았다.

무엇보다도 아이튠즈의 성공은 애플이 MP3P 시장 진출을 위한 준비를 완벽하게 끝냈다는 것을 의미한다.

이어 애플은 2001년 11월 휴대용 음악재생기 '아이팟'과 2003년 4월 온라인 음악 쇼핑몰 '아이튠즈 뮤직스토어'를 잇달아 선보이며 단숨에 휴대용 음악재생기 시장을 석권한다.

이 중에 아이튠즈 뮤직스토어는 애플 소프트웨어 전략의 '결정체'라고 할 수 있다. 이는 사용자들이 디지털 음악을 내려받을 수 있는 유료 서비스로, 음악 한 곡당 99센트에 판매했다.

이 서비스의 인기는 가히 폭발적이었다. 불과 일주일 만에 100만 곡이 판매됐다. 이는 당초 애플의 목표(한 달에 100만 곡 판매)를 크게 뛰어 넘는 것이었다.

그 후 '아이튠즈 뮤직스토어'는 서비스를 시작한 지 1년 만에 8,500만 곡을 팔았고, 지난해 7월까지 판매한 음악은 무려 30억 곡에 달한다. 이를 통해 애플은 전 세계 디지털 음악시장의 약 70%를 손에 넣었다.

4. 콘텐츠 전략

소프트웨어와 함께 평가해봐야 할 것은 애플의 콘텐츠 전략이다.

애플의 최고경영자 스티브 잡스가 인터넷을 적으로 생각하던 음반회사들을 '아이튠즈 뮤직스토어' 프로젝트에 끌어들였다는 점만으로도 애플의 콘텐츠 전략을 후하게 평가해야 한다고 전문가들은 지적한다.

만약 이러한 콘텐츠 확보전략이 실패했다면 '아이튠즈 뮤직스토어'는 무용지물이 되었을 것이고, 이는 다시 아이팟의 판매에도 악영향을 미쳤을 것이기 때문이다.

그러면 스티브 잡스는 어떻게 음반회사들의 마음을 돌려놓을 수 있었을까?

이 과정을 가장 가까이에서 지켜본 사람으로 미국음반협회(RIAA) 전회장 힐러리 로젠을 들 수 있다. RIAA는 음반업계의 이해를 대변하는 로비 단체다.

변호사 출신인 로젠 전 회장은 1987년부터 2003년까지 RIAA에서 일했다. 그는 특히 인터넷에서 불법음악이 무차별 복제되어 유통되던 1998년부터 2003년까지 5년 동안 RIAA의 사령탑을 맡아 불법복제와 싸웠다.[7] 로젠 전 회장은 당시 상황을 이렇게 설명한다.

"대형 음반회사의 CEO들은 컴퓨터 업계 출신 인사들을 경계하는 심리가 강했다. 그들이 과거에 보여준 행태가 음반 산업의 성격을 전혀 모른다는 것을 드러냈기 때문이다. 음반업계의 관심은 어떻게 하면 '누르면 작동하는(push/play)' 단순한 환경을 만들 것인가에 집중되어 있다. 그것이 소비자들에게 익숙한 환경이기 때문이다. IT업계는 한 번도 이러한 기준을 충족시키려고 노력한 적이 없다. 적어도 음반업계가 보기에는 그랬다."

잡스가 그들의 마음을 돌린 것은 두 가지 때문이다.

"하나는 평범하고 어찌 보면 우습기까지 한 이유였다. 즉, 애플은 시장점유율이 미미했기 때문에 위험부담이 거의 없었다. 다른 하나는 충분히 예상할 만한 이유였다. 그들의 태도가 변한 것은 전적으로 잡스의

<hr>

7 "RIAA 힐러리 로젠 회장 사임", ≪전자신문≫, 2003년 1월 23일자, http://www.etnews.co.kr/news/detail.html?id=200301230035.

강한 의지 때문이었다. 그의 카리스마와 집중력이 음반업계의 태도변화를 이끌어냈다.”

잡스는 시시콜콜한 문제까지 직접 챙겼다. 또 음악에 대한 순수한 열정도 음반업계 경영자들을 설득하는 데 큰 도움이 됐다.

“기술 분야 사람들은 음악을 단순한 소프트웨어로 여긴다. 그러나 잡스는 대단한 음악광이었다. 바로 그 점이 음악계 인사들에게는 대단한 매력이었다.”

이때부터 협상은 조금씩 스티브 잡스의 의도대로 흘러갔다.

“음반회사들은 처음에는 인터넷에서 음악을 내려받는다는 발상 자체에 상당한 경계심을 품고 있었다. 이에 따라 좀처럼 협상이 진척되지 않았다. 그러나 스티브 잡스가 직접 협상 테이블에 나타나는 순간 음반사들의 태도가 180도 바뀌었다. 음반회사 관계자들은 마침내 ‘잡스가 원하는 것은 무엇이든지 다 들어주겠다’고 약속해야 하는 처지가 됐다. 별안간 기차가 움직이기 시작하니까 모두 기차에 타려고 안달하는 형국”이라고 로젠은 덧붙인다. 유니버설과 소니 등 5대 음반회사가 모두 같은 형편이었다.

스티브 잡스는 아이튠즈 뮤직스토어의 서비스 개시를 발표하는 무대에서 5대 메이저 음반회사의 판권을 모두 확보했다는 사실을 밝혔다.

이를 통해 잡스는 “디지털 음악소비의 새로운 시대가 열렸다”고 호언했다. 뮤직스토어는 20만 곡을 확보한 상태에서 사용자가 곡당 99센트, 앨범당 10달러에 구입할 수 있는 서비스를 선보였다.

애플은 이를 통해 온라인 음악은 물론 단말기(MP3P) 시장까지 장악했다. 애플이 내놓은 아이팟은 ‘산업 역사상 최고의 베스트셀러’가 되었다.[8]

5. 아이팟 경제

성공에 따른 보상은 언제나 달콤하다. 디지털 경제의 특징은 그것이 엄청나게 증폭되어 나타난다는 것이다.

디지털 음악시장을 손에 넣은 애플이 최근 발표한 실적이 이를 입증하고 있다. 우선 아이팟은 지난 2001년 선보인 후 지금까지 전 세계적으로 약 1억 대가 팔려나갔다. 이에 따라 애플의 최대 수익원도 PC에서 자연스럽게 음악재생기 및 콘텐츠 사업으로 바뀌었다.

또 아이팟용 부품을 공급하거나 이어폰과 가방 등 액세서리를 만들어 파는 회사들도 덩달아 호황을 누리고 있다. 아이팟이 새로운 경제 생태계를 만들고 있는 것이다. 바로 '아이팟 경제(the iPod economy)'다.

아이팟 경제의 혜택을 톡톡히 보고 있는 회사로 '포털플레이어(Portal Player)'를 들 수 있다. 최근 아이팟이 큰 인기를 끌면서 애플에 아이팟용 칩을 공급하는 포털플레이어의 매출도 수직 상승하고 있다. 실제로 포털플레이어의 매출액은 지난 2003년에는 2,000만 달러에 그쳤으나 지난해 2억 2,500만 달러로 10배 이상 늘어났다.

또 아이팟 디자인의 결정체인 스크롤휠을 공급하는 회사인 '시냅틱스'를 비롯해 오디오북 업체 '오더블', 오디오칩 업체 '시그마텔' 등도 모두 최근 매출이 크게 늘어나 아이팟 경제의 위력을 실감하고 있다.[9]

아이팟 경제의 또 하나의 축은 액세서리 업체들이다. 아이팟용 액세서리를 만들어 파는 회사는 무려 400개 사에 달한다. 이들이 지난해 판

8 윌리엄 사이먼, 『iCon 스티브 잡스』, 367~369쪽.
9 "Meet the iPod's Intel", 《일렉트로닉스비즈니스》, 2006년 4월호.

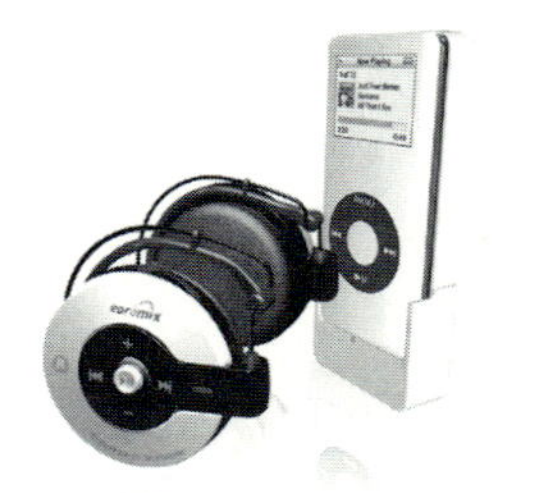

아이팟 나노용 무선헤드폰(아시아나IDT), 아이팟 전용 스피커(트윈모스코리아), 하이파이 스피커(애플). 위에서부터

매한 매출액은 약 8억 5,000만 달러를 기록했고, 올해 매출액은 10억 달러를 돌파할 전망이다.

이들이 공급하는 액세서리의 종류도 다양하다. 액정을 보호하는 필름은 기본이고, 아이팟에 홈이 나지 않도록 보호해주는 케이스도 재질에 따라 실리콘, 크리스털, 가죽 등으로 나뉜다. 또 스피커도 휴대용과 가정용(홈 스테레오) 제품이 따로 있고, 차량용 거치대와 FM 수신기, 충전기 등 차량용 제품도 다양하게 선보이고 있다.

아이팟용 액세서리만 전문적으로 생산하는 업체들도 속속 등장했다. 이들 중에 벨킨은 무려 100여 종의 아이팟용 액세서리를 무더기로 내놓아 관심을 끌었다. 또 그리핀테크놀로지를 비롯해 디지털라이프스타일아웃피터(DLO), 켄싱턴, 타거스, 로지텍 등 컴퓨터 주변기기 업체들도 이 시장에 뛰어들고 있다.

그뿐만이 아니다. 루이비통을 비롯해 프라다, 펜디, 보스 등 명품 업체들이 자존심을 버리고 아이팟용 액세서리 시장에 진출하고 있는 것도 눈여겨볼 대목이다. 이들이 공급하는 액세서리는 10달러 이하의 저렴한 것도 있지만, 비싼 제품의 경우 300달러가 넘는 것도 있다.

특히 보스에서 나온 '사운드독(홈 스테레오와 연결하는 장치)'은 299.95달러이고, 하만 카돈에서 출시한 아이팟용 스피커는 169.95달러다. 접을 수 있는 휴대용 스피커인 알텍랜싱인모션 스피커는 249.95달러이며, 티볼리에서 개발한 스피커인 오디오 아이송북은 329달러나 된다.

이쯤 되면 '배보다 배꼽이 더 큰' 셈이다. 사정이 이렇다 보니 아이팟보다 액세서리 판매를 통해 더 큰 수익을 올리고 있는 소매점들도 속속 나타나고 있다.

단순한 제품(MP3P) 하나에 딸려 있는 액세서리 시장의 규모만 10억 달러로 추산되는 이른바 '아이팟 경제'를 이끌고 가는 힘은 어디서 나오는 것일까?10

아이팟용 홈시어터 스피커 '보스'

이 질문에 대한 답은 최근 우리 앞에 펼쳐지고 있는 디지털 경제에서 성공할 수 있는 열쇠이기도 하다. 이에 따라 전 세계 경제·경영학자들은 최근 애플이 성공한 원인을 연구하고 있다. 기술혁신 분야의 권위자인 런던 경영대학원 콘스탄티노스 마르키데스 교수도 그중 하나다. 그가 내놓은 해법이 바로 앞에서도 소개한 '지배적 디자인' 이론이다.

마르키데스 교수는 과거 수많은 산업분야에서 부침을 거듭한 기업들의 사례를 분석한 결과 "새로운 시장에서 최후의 승리를 거머쥔 기업은 곧 '지배적 디자인'을 만드는 데 성공한 회사"라는 사실을 밝혀냈다.

그는 『신시장을 지배하는 재빠른 2등 전략』에서 그 내용을 자세하게 소개하고 있다. 책에 따르면 '지배적 디자인'이란 '우리가 지금 기억하는 제품이 사실상 처음 출현한 것'을 의미한다. 자동차를 예로 들면 포드가 '처음으로 4개의 바퀴를 단 T모델을 선보인 것'이 이에 해당한다. 그 후에도 자동차는 계속 발전하고 있지만 지금 우리가 '자동차'라고

---

10 "아이팟=액세서리 시장만 10억 달러 넘어", 《아이뉴스24》, 2006년 2월 13일; "Boom of the iPod add-ons", CNET, 2005년 1월 31일.

부를 때 떠올리는 이미지는 대부분 T모델에서 구체화됐다고 지적한다.

마르키데스 교수는 이를 '지배적 디자인'이라고 규정한다. 따라서 '지배적 디자인'은 우리에게 더 낯익은 용어인 '표준'이라고 불러도 무방하다. 중요한 것은 '지배적 디자인'이 출현하면 산업은 질적으로 큰 변화를 보인다는 점이다.

우선 공급 측면을 보면 이때부터 제품의 표준화가 이루어져, 대량생산을 통한 '규모의 경제(Economy of scale)'를 실현할 수 있는 기업과 그렇지 못한 기업 간의 격차가 벌어지기 시작한다.

또 소비 측면에서도 시장 구성원들의 선택을 받은 기업은 사용자들의 수에 비례해서 세력을 확장할 수 있다(네트워크 효과, Network effect). 그러나 그 반대편에 서 있는 기업들은 바로 '퇴출' 위기에 몰리게 된다.

7장 | 애플 '도우미'

애플의 성공은 경쟁업체들에게는 패배를 의미한다. 애플의 정반대편에 서 있는 '비극의 주인공'들도 많다. 바로 우리나라의 디지털캐스트와 새한정보통신(MP맨), 싱가포르의 크리에이티브, 일본의 소니 등을 들 수 있다.

삼성전자도 빼놓을 수 없다. 국내 MP3P 시장에서 1위를 차지하고 있지만 이는 '상처뿐인 영광'이다. 절호의 기회를 살리지 못하고 애플에 헌납했다.

콘스탄티노스 마르키데스 교수는 저서『신시장을 지배하는 재빠른 2등 전략』에서 "MP3P의 역사로 볼 때 애플에 앞서 MP3P 시장을 개척했던 회사들은 모두 애플을 위해 길을 닦아준 역할밖에 하지 못했다"고 평가했다.

'애플 도우미'로 평가받는 5개 회사는 어떻게 'MP3P'라는 역사상 최고의 기회를 만났을까. 또 어렵게 개척한 (MP3P) 시장을 후발주자인 애플에게 넘겨줄 수밖에 없었던 속사정은 어떤 것이었는지 살펴보자.

1. 디지털캐스트·새한: 짧은 결합과 이별

"MP3 파일을 재생하는 휴대용 플레이어가 우리나라 업체에 의해 세계 최초로 개발되었다"는 소식이 몇몇 언론을 통해 전해졌다. MP3 파일조차 제대로 알려지지 않았던 때였으니 MP3P가 나왔다는 소식이 큰 뉴스거리가 될 리 없었다. 겨우 "디지털캐스트와 새한정보시스템(엠피맨닷컴)이 공동 개발했다"는 내용이 덧붙었을 뿐이다.

심영철 전 유리온 대표가 당시 상황을 설명해주었다. 때는 1998년 2월. 심 전 대표는 MP3P의 '산증인'이다. 그가 MP3P와 인연을 맺은 것은 1997년 다우기술에서 디지털캐스트로 옮겨오면서부터다. 대학 친구이자 다우기술의 동료였던 황정하 사장이 1996년 디지털캐스트를 창업한 뒤 함께 일하자고 손짓했고, 그는 흔쾌히 응했다.

심 대표는 최근 한 월간지와의 인터뷰에서 MP3P가 어떻게 세상에 나오게 됐는지 자세히 밝혔다. 주요 내용을 소개한다.[1]

"당시 디지털캐스트는 푸시 기술(push technology, 인터넷에서 정보를 네티즌들에게 전달하는 기술)을 비롯해 여러 가지 인터넷 기술을 연구하고 있었다. 지금은 보편화되었지만 그때는 대단히 생소했던 인터넷 팩스를 만들었고 음성을 전달하는 프로젝트도 준비 중이었다."

그 연장선상에서 MP3 파일을 휴대용 기기로 들으면 어떻겠느냐는 의견이 나왔다. 1990년대 말은 인터넷과 함께 MP3 파일이 서서히 관심을 모

<hr>

1 "세계 최초 MP3플레이어, 그 '기적'의 기록: MP3 컨텐츠업체 유리온 심영철 대표", ≪월간 PC사랑≫, 2005년 10월호.

으던 때였다. 음질은 WAV 파일과 비슷하면서 용량이 훨씬 적다는 장점을 앞세워 PC통신을 중심으로 조금씩 퍼지고 있었다. 아이디어는 괜찮았지만 개발비가 만만치 않았다.

계산기를 두드려보니 디지털캐스트만으로는 상품화하기 어려웠다. 다행히 새한정보시스템과 인연이 닿았다. 새한그룹에서 독립한 뒤 시스템통합(SI) 업체로 활동하던 새한정보시스템은 디지털캐스트의 아이디어에 큰 기대를 걸고 선뜻 손을 내밀었다.

심 대표는 "새한정보시스템이 개발비 절반을 대고 생산, 마케팅, 판매를 맡기로 하면서 디지털캐스트는 개발에만 집중할 수 있게 되었다. 하지만 '최초'이기 때문에 겪어야 했던 어려움은 한두 가지가 아니었다"고 털어놓았다.

가장 큰 난관은 "디지털 파일을 어떻게 재생할 것인가"였다. 처음에는 반도체를 이용할 생각으로 회로를 설계했지만 쉽지 않았다. 크기를 줄이고 배터리 수명을 늘리면서 디지털 파일을 원음에 가깝게 재생시키는 회로 설계는 곧 벽에 부닥쳤다. 뾰족한 수를 찾지 못하고 시간만 까먹고 있었다.

"그러다가 우연찮게 미크로나스(Micronas)라는 독일 회사가 DSP(digital signal processor)를 만들었다는 소식을 접했다. MP3 파일을 위성으로 방송하는 칩이었다. 이를 사용해 회로 설계 문제를 해결했다."

데이터 전송방식도 골칫거리였다. 당시만 해도 USB가 대중화되지 않아서 패러럴(병렬) 포트를 쓸 수밖에 없었다. 그러나 이 포트는 PC에서 프린터로 데이터를 보내는 것이라 단방향이었다. MP3P는 양방향이어야 하므로 이를 위한 칩을 개발하느라 애를 먹었다.

그렇게 1년 남짓 고생한 끝에 1998년 2월, 드디어 세계 최초의 MP3P 'MP맨'이 탄생했다. MP맨은 손바닥 크기에 무게가 65g였다. 메모리는 16, 32, 64MB 세 가지로 기껏 노래 10여 곡을 담을 수 있었지만 값은 각각 24만 6,000원, 33만 7,000원, 51만 9,000원으로 비싼 편이었다.

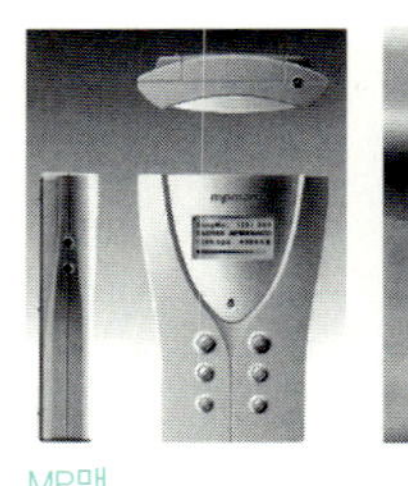
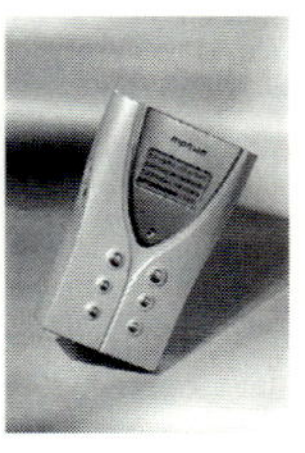

MP맨

'최초'라는 의미가 컸던 만큼 시장의 냉랭한 반응은 애써 무시했다. 이제 겨우 첫발을 내디뎠을 뿐이므로 기회가 올 것이라고 굳게 믿었다. 정작 문제는 디지털캐스트와 새한정보시스템의 관계가 소원해졌다는 것이었다.

"막상 사업이 시작되니까, 새한정보시스템만 부각되고 디지털캐스트는 뒷전으로 밀리는 분위기였다. 아무래도 생산과 판매를 맡은 새한정보시스템이 개발실에 매여 있는 디지털캐스트보다는 부각될 수밖에 없는 상황이었지만, 이대로는 관계를 이어갈 수 없다고 판단했다."

결국 두 회사는 갈라섰고, 180도 다른 길을 걸었다. 먼저 새한정보시스템은 엠피맨닷컴으로 이름을 바꾸고 'MP3P 원조'라는 점을 내세워 시장을 넓혀 나갔다. 2001년에는 'MPEG 방식을 이용한 휴대용 음향 재생장치와 방법'으로 MP3P 원천 기술 특허를 따내면서 국내 시장점유율 1위에 오르기도 했다.

반면에 디지털캐스트는 엠피맨의 후속작인 '엠피맨스테이션'으로 홀로서기를 시작했지만 이번에도 돈이 발목을 잡았다. 투자를 받으려고 숱하게 발품을 팔았지만 반응은 썰렁했다. MP맨이 나오긴 했지만 MP3P는 투자자들에게 여전히 실험적인 제품이었기 때문이다.

투자를 받지 못한 채 개발은 마무리되었다. 금형까지 파놓은 상태에서 찍기만 하면 되었지만 "돈이 바닥나서" 이러지도 저러지도 못하는 처지에 놓였다.

이때 구세주가 나타났다. 바로 재미교포 사업가인 이종문 회장이 운영하는 그래픽카드 업체 다이아몬드멀티미디어였다. 이 회사의 공동창업자인 허형회 부사장이 서초동에 있는 디지털캐스트 사무실을 방문했고 그날 전격적으로 회사 인수를 결정했다.

"알고 보니 다이아몬드도 MP3P 사업을 준비하고 있었다. 수소문해서 MP맨을 구해보고 새한정보시스템에 연락을 취했지만 제품을 개발한 회사가 디지털캐스트라는 것을 알았다. 다이아몬드는 우리 회사를 270만 달러(40억 원)에 사들이는 한편 기술 개발에 2,000만 달러(260억 원)를 추가 투자하는 등 MP3P 사업에 의욕을 보였다."

다이아몬드는 하루 빨리 제품을 내놔서 미국 시장을 선점하고 싶었고 디지털캐스트는 돈이 필요했다. 결국 두 회사의 요구가 맞아떨어져 속전속결로 합병이 이뤄진 것이다.

미국 회사에 흡수되긴 했지만 디지털캐스트는 한국에서 기획과 개발을 독자적으로 이어갔다. 그 대신 다이아몬드는 생산과 판매를 책임졌다. 4개월 뒤 '엠피맨스테이션'이 이름만 '리오 300'으로 바뀐 채 미국 시장에 첫발을 내디뎠다.

리오는 50만 대 이상 팔리면서 미국 시장의 90%를 장악했다. MP3P 시장을 이끌겠다는 다이아몬드의 꿈이 이뤄지는 듯했다. 그러나 이는 음반업계를 자극해 저작권 소송을 초래했고, 그 후 리오의 운명을 크게 단축시키는 결과를 낳았다.

리오의 현지화 작업이 한창이던 1998년 10월 12일, 미국음반협회(RIAA)는 다이아몬드를 상대로 저작권 침해 소송을 제기했다. '홈오디오재생기기법(AHRA)'에 근거해 리오가 음반 불법복제를 조장한다고 주장한 것. 이어 캘리포니아 지방법원은 10월 29일 리오의 판매를 금지했다. 11월 후속제품을 내놓으려고 준비하던 다이아몬드에는 비상이 걸렸다.

"AHRA에 참여했던 전문가들까지 나서서 간신히 소송에서 이길 수

리오 PMP500

리오 600

있었다. 리오가 PC에서 파일을 내려받기만 하므로 불법복제와는 거리가 멀다는 이유도 한몫했다. 만약 그때 소송에서 졌다면 지금처럼 화려한 MP3P 시대는 오지 않았을 것이다.”

다이아몬드는 기세를 몰아 리오 2탄을 내놓았다. 디지털 캐스트가 다이아몬드에 합병되면서 후속 제품으로 기획했던 ‘리오 500’이 1999년 여름을 화려하게 장식했다. 이 제품은 세계 최초로 USB 인터페이스와 백라이트를 썼다. 인터페이스를 패러럴에서 USB로 바꾼 이유는 두 가지다.

“첫째는 속도였다. 패러럴은 노래 하나를 받는 데 몇 분이 걸리지만 USB는 수십 초면 끝난다. 둘째는 PC는 물론 매킨토시에서도 쓸 수 있다는 점이다. 새로운 시장을 개척하려는 의도였다.”

이 전략은 맞아떨어졌다. 리오 500은 이듬해 맥월드 전시회에서 ‘혁신상’을 받는 등 매킨토시 진영에서도 환영받았다. 심 대표는 “이때부터 스티브 잡스가 MP3P를 만들겠다고 결심했을 것”이라고 말했다.

한편 1999년이 되자 MP3P 업체들은 빠르게 늘었고 경쟁은 한층 치열해졌다. 한국에서는 엠피맨이, 미국에서는 리오가 일으킨 바람이 결국 태풍이 되어 지구촌을 휩쓸기 시작했다.

그러나 아쉽게도 이들은 그 열매를 따지 못했다. 무엇이 이들의 발목을 잡았을까? 전혀 예상할 수 없는 때에 출현한 저승사자는 바로 소송이었다. 먼저 다이아몬드멀티미디어는 미국음반협회와의 소송에서는 이겼지만, 눈덩이처럼 불어나는 소송 비용 때문에 심각한 경영난을 겪었다. 마침내 2002년 리오 사업부를 대만 업체(소닉블루)에 매각했다. 리오는 그 후 다시 일본(D&B홀딩스)을 거쳐 미국(시그마텔) 업체로 주인이 바뀌었고, 마침내 제품생산을 중단하면서 역사 속으로 사라졌다.[2]

엠피맨닷컴도 법적인 분쟁으로 무너졌다는 점에서는 리오와 비슷하다. 그러나 그 과정은 크게 달랐다. 즉, 엠피맨닷컴은 비장의 무기인 '특허'를 취득한 것이 회사 경영에 도움을 주기는커녕 화근이 된 경우다.

엠피맨닷컴의 특허취득과 동시에 경쟁회사들이 무효소송을 제기해 오랜 법정 공방을 벌였고, 그 여파로 무너졌다. 마침내 엠피맨닷컴은 지난 2004년 후발주자인 레인콤에 인수됐다.

이처럼 우리나라 업체들이 MP3P 시장의 주도권을 둘러싸고 경쟁을 벌일 때 어부지리를 챙긴 기업이 있다. 바로 싱가포르 업체 크리에이티브테크놀로지다.

이와 관련해 JME디지털 김경태 사장이 오랫동안 가슴속에 묻어놓았던 사연을 털어놓았다. 그는 현대전자(위성사업단)에서 일하던 1998년 우연한 기회에 새한정보통신이 개발하고 있는 MP맨을 보는 순간 "'바로 이거다'라는 감이 왔다"고 말했다.

그는 회사를 옮겨 새한의 마케팅 팀장이 됐고 그 후 분사한 엠피맨닷컴의 이사, 그리고 2004년 엠피맨닷컴을 레인콤에 매각할 때는 사장을 지냈다. 따라서 김 사장은 엠피맨닷컴의 탄생부터 성장과 몰락까지 전

<hr>

2 "RIP, Rio: A Digital Music Pioneer Dies", 《PC월드》, 2005년 8월 26일, http://blogs.pcworld.com/techlog/archives/000843.html.

과정을 가장 가까이에서 지켜본 산증인이다.

김 사장은 "무엇보다도 MP3P가 새로운 개념의 음악재생기였기 때문에 이를 홍보하는 것이 어려웠다"고 밝혔다. 인터넷 커뮤니티 회원들을 대상으로 10~20대씩 파는 수준이었다.

미국 시장에서 리오의 인기가 치솟는 만큼 새한에는 위기감이 확산됐다. 김 사장이 그 돌파구로 생각해낸 아이디어가 바로 싱가포르의 IT 회사 크리에이티브테크놀로지의 유통망을 활용하는 것이었다.

크리에이티브는 사운드카드로 유명한 주변기기 업체다. 또 다이아몬드멀티미디어와는 최대 경쟁회사라는 점도 유리하게 작용했다. 그러나 심웡후 회장(CEO)은 1998년 상반기만 해도 MP3P에 대해 관심을 갖지 않았다. "아니, 전혀 모르는 것 같았다"고 김 사장은 회고했다. 그러나 경쟁회사 제품인 리오가 미국에서 인기를 끌자 심 회장의 태도도 급반전됐다. 마침내 크리에이티브는 1998년 11월까지 새한에 MP맨과 같은 제품을 공급해달라고 요청했다.

그러나 두 회사의 제휴는 오래 지속되지 못했다. 새한이 공급한 샘플에 문제가 생겼기 때문이다. 크리에이티브는 그 이듬해 삼성전자에도 같은 제안을 했으나 삼성 또한 만족할 만한 제품을 개발하지 못했다.

마침내 크리에이티브는 독자적으로 MP3P 개발을 추진했고, 2000년 하드디스크 방식의 MP3P(노매드)를 선보였다. 크리에이티브는 우리나라의 업체들끼리 경쟁하는 틈을 타 MP3P 시장에 무혈 입성한 셈이다.

크리에이티브테크놀로지는 2000년 8월 하드디스크 드라이브를 채택한 MP3P 노매드를 선보였다. 새한(MP 맨)과 다이아몬드(리오)보다는 2년 정도 늦었지만 애플의 아이팟과 비교하면 1년 이상 빨랐다. 시간은 충분했다. 그러나 크리에이티브도 '지배적 디자인'을 만드는 데는 실패했다. 그 결과 후발주자인 애플에게 뒷덜미를 잡혀 군소업체로 전락했다.

아이팟보다 빨리 출시되었지만 시장 장악에는 실패한 노매드

무엇이 두 회사의 운명을 갈라놓았을까?

《월스트리트저널(WSJ)》은 크리에이티브사가 실패한 이유를 분석한 기사를 게재했다. 이에 따르면 크리에이티브는 기술 개발에만 집중하는 IT 기업이 실패하는 대표적인 사례로 평가된다.[3]

WSJ는 기술개발을 강조하고 마케팅은 별것 아니라고 생각한 것이 비극을 낳았다고 분석했다. 크리에이티브 창립자 겸 CEO인 심윙후 회장이 "마케팅에 돈을 낭비하고 싶지 않다"고 말했을 정도였다.

실제로 크리에이티브는 브랜드 마케팅에 거의 투자하지 않았다. 2004년까지는 TV광고도 하지 않았다. 그 이듬해부터 마케팅에 돈을 풀고 있지만 너무 늦은 선택이었다. 애플의 등장과 급성장에 대해서도 처음에는 콧방귀를 뀌었다. 자신들의 기술을 그저 베낀 것으로 봤기 때문이다.

애플은 2001년 초에 크리에이티브 기술의 라이선스 계약을 맺거나

---

[3] "A Patent Fight Over iPod Shows Merits of Buzz", 《월스트리트저널》, 2006년 6월 9일자.

크리에이티브가 휴대용 디지털 미디어 플레이어 사업부를 분사시킬 경우 투자하겠다는 의향을 밝혔다. 그러나 크리에이티브는 이 제의를 거절했다.

오래전에 끝난 협상의 구체적인 내용이 외부에 알려지게 된 것은 최근 두 회사가 법정 소송을 벌이면서부터다. 소송의 발단은 크리에이티브가 2006년 5월 미국 샌프란시스코 연방법원에 애플이 자신들의 내비게이션 기술과 음악 접근 방식 등의 특허를 침해했다고 제소하면서 시작됐다. 이에 대해 애플도 미국 위스콘신 주 매디슨 지방법원에 크리에이티브가 애플의 특허 네 가지를 침해했다고 맞고소했다. 소송은 곧 타결됐다.

크리에이티브는 같은 해 8월 '메이드 포 아이팟(Made for iPod)' 프로그램 참가와 1억 달러 보상을 조건으로 애플에 대한 MP3P 관련 특허 침해 소송 5건을 취하했다. 메이드 포 아이팟 프로그램에 참가하는 업체는 독자적으로 아이팟 액세서리를 제조·판매할 수 있는 권리를 갖게 되는데 그 점을 노린 것으로 추측된다.

이에 대해 심웡후 크리에이티브 CEO는 "애플과의 분쟁 해결이 새로운 기회를 준 것이 사실"이며 "크리에이티브의 스피커 시스템·헤드폰·이어폰 등과 관련한 새로운 시장이 열릴 것으로 기대한다"고 말했다.

그러나 AFP통신은 크리에이티브가 지난 2년간 아이팟에 도전하기 위해 과감한 투자를 감행했지만 여전히 1억 1,820만 달러의 손실, 고비용 구조, 판매를 획기적으로 증진시킬 제품(킬러 애플리케이션) 부재 등의 문제를 안고 있다고 지적했다.

싱가포르를 대표하는 IT 기업인 크리에이티브가 앞으로 어떤 행로를 택할지 지금 속단하기는 어렵다. 그러나 한 가지 분명한 것이 있다. 바로 살아남기 위해 애플의 우산 아래 들어갔다는 점이다.

크리에이티브의 실패가 우리에게 주는 교훈은 무엇일까. 그것은 바로 '세계 시장의 벽이 여전히 높다'는 사실이다. 특히 제조업 위주로 발전해온 아시아권의 IT (벤처)기업들에게는.

3. 소니: 적은 내부에 있다?

일본의 MP3P 시장은 미국 애플과 일본 소니가 양분하고 있다. 시장 점유율을 보면 2006년까지만 해도 애플이 50%를 기록해 소니(20%)를 크게 앞섰으나 그 후 격차는 줄어들고 있다. 지난해 5월 두 회사의 점유율은 각각 36%와 28%를 기록했다.[4]

일본 언론은 소니가 마침내 반등의 기회를 잡았다, 또 이러한 추세가 계속되면 역전도 가능하다고 전망했다. 그러나 휴대형 오디오기기의 역사를 되돌아보면 일본 소니는 MP3P 시장에서 몰락했다고 평가하는 것이 옳다.

소니는 휴대형 오디오의 시대를 열었던 트랜지스터 라디오(1955년)와 워크맨(1979년)을 세계 최초로 개발한 회사다. 소니는 이를 바탕으로 수십 년 동안 휴대형 오디오 시장의 최고 강자로 군림해왔다. 그러나 이는 옛 이야기가 됐다.

MP3P가 휴대형 오디오의 대명사가 된 지금, 세계 시장은 애플의 손

---

4 BCN 랭킹(http://bcnranking.jp/news/0706/070625_7744.html).

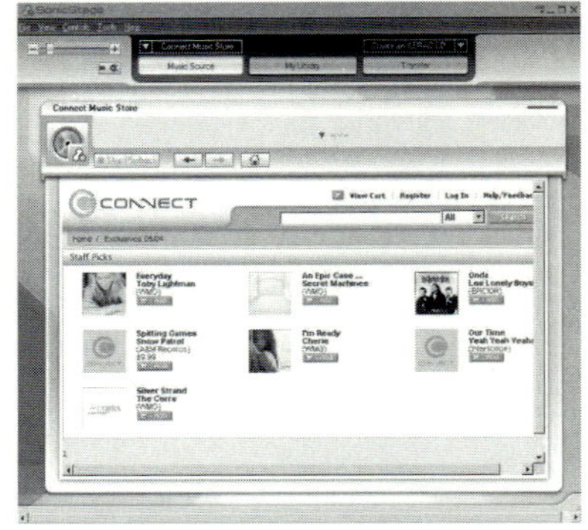

소니가 선보인 온라인 음악 서비스 '커넥트'

에 들어가 있다. 일본 시장에서도 애플은 소니가 넘보기 힘든 아성을 구축하고 있다. 무엇이 질주하던 소니의 발목을 잡았을까?

WSJ는 소니가 애플에 밀린 원인이 "(소니) 내부에 도사리고 있었다"라고 분석한 기사를 게재했다. WSJ는 그 이유로 소니가 일찍 상품을 개발해놓고도 내부 부서 간 의견 차이와 커뮤니케이션의 어려움으로 출시 시기 등을 놓쳐 고전해왔다고 설명했다. 2004년 선보인 온라인 음악 서비스 '커넥트'가 실패한 것을 대표적인 사례로 꼽을 수 있다.[5]

이를 이해하기 위해서는 소니가 온라인 음악시장에 진출하게 된 과정을 되돌아볼 필요가 있다. 소니는 1998년부터 온라인 음악시장에 진출할 것을 고려해왔다. 당시에는 대학생들이 PC에 저장된 음악이나 영화파일 등을 온라인상에 올려 공유하는 것이 큰 인기를 끌었다.

소니는 이 같은 움직임을 포착하고 디지털 음악기기와 기술을 개발, 제공할 계획을 세웠지만 곧 난관에 부딪혔다. 당시 소니의 미국 사업부문은 음반사 CBS레코드를 보유하고 있었는데, CBS레코드 측이 저작권 침해 문제가 해결될 때까지 음악 서비스 제공을 보류할 것을 강력하게 요청해온 것이다.

결국 소니의 PC 그룹, 워크맨 그룹이 각기 제품을 내놓았고, 일본과 미국의 소니 뮤직도 자체 음악 다운로드 서비스를 제공하는 포털 서비

5 "Sony's Rivalries Fail to Beat iPod", ≪월스트리트저널≫, 2005년 6월 29일자.

스를 내놓았다. '커넥트'는 여러 사업부에 흩어져 있던 온라인 음악 관련 사업을 하나로 통합하기 위한 것이었다.

그러나 내부 커뮤니케이션의 부재는 '커넥트' 사업에서도 재현됐다. 미국에서 출시할 예정이던 '커넥트'는 2003년부터 추진했으나 소프트웨어 개발을 동경에 있는 개인컴퓨터 사업부문이 맡았다. 이들은 미국 젊은 세대의 취향을 전혀 파악하지 못했으며, 결국 '커넥트'는 서비스를 시작한 후 혹평을 받았다. 이는 온라인 서비스 폐쇄로 이어졌다.

어떻게 같은 회사 직원들 사이에서도 의사소통이 어렵게 됐을까? 『소니 침몰』의 저자 미야자키 타쿠마 씨는 그 이유로 '사업부제(컴퍼니) 도입'을 꼽는다. 사업부제는 오가 노리오 사장이 소니를 이끌던 1994년부터 시작됐다. 취지는 좋다. 바로 사내 경쟁을 촉진하겠다는 것이다.

이러한 제도는 플레이스테이션과 워크맨 등을 개발하는 데 기여했지만, 그 후 지나친 경쟁으로 이어져 비슷한 제품이 부서별로 중복 출시되는 경우가 늘어나게 되었다고 미야자키 씨는 소개한다. 각 부서는 부서 내부의 업무에만 신경을 쓰고 다른 부서의 상황을 잘 이해하지 못하기 때문이다. 여기에 해당 부서가 추진하는 방향과 다른 요구가 타 부서에서 들어올 경우 이를 무시하는 경우도 많다고 밝혔다. 이러한 상황에서 "업무가 효율적으로 추진되지 못하는 것은 당연한 결과"라고 미야자키 씨는 꼬집었다.[6]

정책적인 실패도 빼놓을 수 없다. 소니는 1990년대 컴팩트디스크

소니 NW-HD3

(CD)를 이을 매체로 미니디스크(MD)를 선정하고 관련 사업을 중점적으로 추진해왔다. MP3P는 MD의 경쟁제품. 소니는 MP3P의 등장을 애써 외면할 수밖에 없었다. 그 대신 모든 자원을 MD 사업에 쏟아부었다.

소니가 처음으로 HDD 방식의 MP3P를 선보인 것은 2004년 말이다. 이 제품(NW-HD3)은 그동안 독자적인 디지털 음악 압축기술인 'ATRAC'만 고집했던 소니가 처음으로 사실상의 표준인 'MP3'를 적용한 플레이어를 선보였다는 점에서 큰 관심을 끌었다.

그러나 시장은 이미 애플 천하로 바뀐 뒤였다. 판을 뒤집기에는 너무 늦었다. 소니는 MP3P 시장에서 2위권(2nd Tier) 업체로 살아남은 것에 만족해야 했다. 휴대형 오디오의 시대를 열었던 소니의 몰락이 우리에게 주는 교훈은 무엇일까?

엠피아이오 우중구 사장은 "소니는 특유의 장인정신이 살아 있는 회사였는데 그것이 오만을 낳았고, MP3P 시장에서 몰락을 자초했다"고 분석했다. 우 사장은 "MP3P는 네티즌들의 자유분방함을 자양분으로 성장하는 시장인데, 소니는 MD로 계속 음악시장을 통제하려고 시도했던 것이 돌이킬 수 없는 결과를 낳았다"고 덧붙였다. 이에 비하면 "의사소통 및 전략적 판단 착오는 곁가지"라는 설명이다.

6 미야자키 타쿠마. 도쿄 대학을 졸업한 후 1998년 소니에 입사해 '바이오' 기획사로 일했다. 최근 소니를 그만두고 저술가로 활동하고 있다. 그의 대표 저서인 『소니 침몰』은 우리나라에도 번역되어 큰 관심을 끌었다.

4. 삼성: 안전한 대박(사업)은 없다

우리나라를 대표하는 정보기술(IT) 기업, 삼성전자. 삼성은 MP3P라는 지뢰밭을 어떻게 건넜을까? 소니와 비교하면 가진 것이 없기 때문에 '밑져야 본전'인 MP3P 시장. 그러나 삼성전자도 세계에서 손꼽히는 종합 전자·IT 대기업이다. 따라서 위험부담이 있는 사업은 체질적으로 거부하는 관료적인 타성에 젖은 회사라는 점 또한 부인할 수 없다.

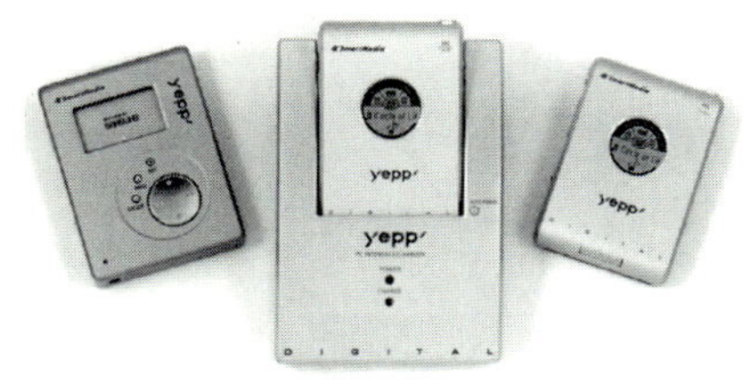

삼성전자가 KIECO에서 첫선을 보인 MP3플레이어

삼성전자는 MP3P 분야에서 크게 실패한 것도 없지만, 회사 명성에 걸맞은 성과도 내기 어려운 조건을 골고루 갖추고 있었다. 그 과정에서 희생된 것은 초기 삼성전자에서 옙 사업을 이끌었던 임직원들뿐이다.

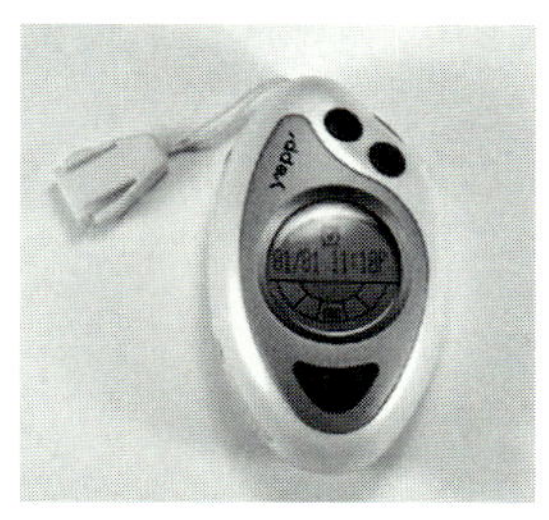

삼성 YP20

장성덕 전 옙 사업팀장이 그동안 고생했던 이야기를 들려줬다. 그는 약 15년 동안 쌍용과 삼성전자에서 근무하며 해외 시장을 누볐다. 장 팀장이 MP3P와 인연을 맺은 것은 2000년이었다.

진대제 디지털총괄 사장이 MP3P를 신규 사업으로 결정하고 실무 책임자로 그를 임명함으로써 "인생행로가 180도 바뀌었다"고 한다. 당시는 구조조정의 칼바람이 불던 때였다. 따라서 신규 사업부는 별로 인기가 없었다. 그러나 "개인적으로 진대제 사장에 대한 기대도 컸다"고 복잡한 심경을 털어놓았다.

장 팀장이 합류하기 전에 삼성의 MP3P 사업은 개발자 출신의 허정 부장이 이끌고 있었다. 허 부장은 삼성종합기술원에서 '신기술 탐색'

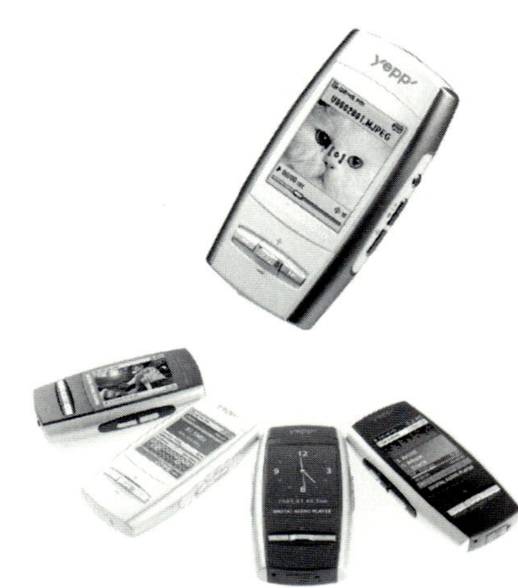
삼성전자 YP-D1

업무를 담당하면서 MP3P와 만났다.

그는 1998년 삼성전자로 옮겨 1999년 하반기 옙(YP20)을 내놓았다. 장 팀장은 삼성전자의 MP3P 사업이 "이 제품에 바탕을 두고 있다"면서 높이 평가했다. 둘은 동갑내기로 호흡이 척척 맞았다. 그러나 삼성의 MP3P 사업은 그들의 뜻대로 흘러가지 않았다.

우선 대기업이 자원을 쏟아붓기에는 MP3P 시장규모가 너무 작았다. 아무리 미래 사업이라고 해도 100만 대도 안 되는 시장에 대기업이 투자하기란 현실적으로 어려웠다. 마침내 삼성은 2001년 9월 MP3P 사업부를 블루텍에 이관하기로 결정했다. 블루텍은 2000년 삼성전자가 부가가치가 낮은 오디오 사업부를 따로 떼어내 설립한 자회사였다.

따라서 옙 사업부의 블루텍 이관은 경영진이 옙 사업부를 일반 오디오 사업부 중 하나로 '강등'시킨 조처로 비쳤다. 이에 대해 장 팀장은 "MP3P가 대기업보다 중소 벤처기업에 더 잘 어울리는 사업이라는 점이 더 크게 고려된 것"이라고 설명했다. "또 제품 개발 및 생산은 블루텍이 담당하고 판매는 삼성의 글로벌 네트워크를 활용하면 의외로 시너지 효과를 낼 수 있다는 계산도 깔려 있었다"고 덧붙였다.

그러나 이는 희망사항에 불과했다. 핵심 인력들이 대거 이탈한 것이다. 삼성 MP3P의 산증인인 허정 부장이 앞장섰다. 그가 벤처기업 이스타랩을 설립해 독립하자 그와 호흡하던 연구 개발자들이 따라나섰다.

흥미로운 것은 이들의 생각이 삼성 경영진의 기대와는 정반대로 나타났다는 점이다. 즉, '(이스타랩을 선택한 핵심 연구 개발자들은) 블루텍에서 어정쩡하게 시작하는 것보다 아예 회사를 따로 차리는 것이 낫다'고 봤던 것. 이처럼 대기업과 중소 벤처기업은 불확실한 상황을 받아들이는 태도에서부터 큰 차이를 보인다. 따라서 그 결과가 달라질 수밖에 없다.

블루텍에 이관된 옙 사업부 직원들은 고군분투했다. 장 팀장은 "2002년만 해도 옙의 국내 시장점유율은 1위였다"고 소개했다. 그러나 더 이상의 발전은 없었던 것 같다. 장 팀장은 "삼성의 해외 네크워크를 통해 가격이 싼 옙을 수출하는 것이 여의치 않았다"고 설명했다.

이번에도 돌파구는 의외의 곳에서 찾아왔다. 2001년 애플이 내놓은 아이팟이 전 세계적으로 폭발적인 인기를 끌면서 MP3P가 '대박을 터뜨리는 상품'으로 떠올랐기 때문이다. 삼성의 입장에서 옙은 '숨겨진 보물'. 옙을 믿고 삼성은 2004년 "MP3P 세계 시장을 제패하겠다"고 선언했다.

이를 위해 삼성은 그 이듬해 옙 사업부를 다시 통합한다. 그러나 이번에도 큰 진통을 겪었다. 옙 사업부가 몸을 의탁하게 된 부서는 '디지털 미디어 총괄'. DVD와 홈시어터 등 비디오 영상 사업을 주로 담당하던 곳이었다. 이들 사업은 MP3P와는 성격이 크게 달랐다. 더욱이 당시 삼성의 '디지털 미디어 총괄'은 실적이 저조했다.

'디지털 미디어 총괄'은 옙 사업부 통합과 함께 대대적인 구조조정을 단행했다. 이에 따라 블루

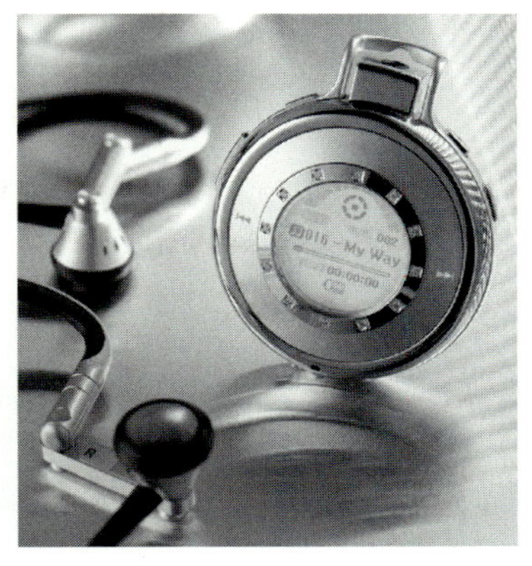

명품 MP3플레이어(YP-W3). 높은 가격(89만 9,000원)을 책정해 큰 관심을 끌었다.

삼성전자와 서태지컴퍼니가 서태지 15주년을 기념해 선보인 MP3플레이어, 옙 P2 스페셜 에디션

와이드 비디오 MP3플레이어 YP-P2

텍 R&D 인력 340여 명 중 삼성에 복귀한 인력은 100명에 불과했다. 장성덕 엡 사업팀장은 "통합작업이 본격화되기 전인 2005년 2월 블루텍을 떠났다"고 밝혔다.

그로부터 2년여 지난 지금, 삼성의 MP3P(엡) 사업은 차츰 안정을 찾아가고 있다. 이를 뒷받침하는 것은 실적이다. ≪서울경제신문≫이 보도한 바에 따르면 삼성전자는 지난 2005년 전 세계에 엡 370만 대를 판매한 데 이어 2006년과 2007년 각각 500만 대와 700만 대를 판매한 것으로 조사됐다.[7]

국내 시장점유율도 2006년 30%를 기록해 처음으로 레인콤(25%)을 제치고 1위로 올라섰다. 그 후로 삼성전자의 위상은 계속해서 높아지고 있다. 그러나 이러한 성과는 세계적인 정보기술 회사로 평가받고 있는 삼성의 위상과 비교하면 초라해 보인다.

그 이유는 어디에서 찾을 수 있을까? 앞에서도 거론했지만 삼성의 관료체제다. 삼성전자와 삼성물산 모두 새로운 사업을 찾아 헤맸지만 정작 우리나라에서 태어나 역사상 최고의 베스트셀러가 된 MP3P 사업을 애플에 헌납하는 결과를 낳았다. 이는 어쩌면 대기업의 '숙명'인지도 모른다.

---

7 "MP3P 활로를 찾아라", ≪서울경제신문≫, 2006년 10월 9일자.

우리가 삼성의 옙 사업에서 배워야 하는 교훈이 있다. '안전하면서 대박을 터뜨리는 사업은 없다'는 것이다. 한때 전 세계 시장을 석권했던 거대 기업들이 무너지고 그 자리를 중소 벤처기업들이 차지하는 이유가 바로 여기에 있다.

3부 '영원한 1등' 은 없다

'아이팟' 과 '아이튠즈' 라는 패키지 상품으로 MP3P 시장을 손에 넣은 애플. 이 회사의 CEO 스티브 잡스는 첨단 IT 시대의 '우상' 이 되고 있다.

그의 성공스토리는 과연 언제까지 계속될까.

이 질문에 정확하게 대답할 수 있는 사람은 아무도 없다. 너무나 많은 변수들을 고려해야 하기 때문이다. 따라서 온갖 분석과 전망, 추측이 난무하고 있다.

MP3P 분야에서 다시 한 번 지각변동을 일으킬 수 있는 요인은 무엇일까? 이는 크게 두 가지를 꼽을 수 있다.

우선 MP3P를 둘러싸고 있는 미디어 환경이 빠르게 변하고 있다는 점이다. 무엇보다도 최근 쏟아져 나오는 휴대폰들이 이를 보여준다. 이들은 대부분 MP3 음악을 들을 수 있는 기능을 탑재하고 있다. MP3P 업체들이 모바일 음악시장을 나눠 갖던 시대가 서서히 막을 내리고 있는 것이다.

또한 MP3P 시장 내부를 보면 애플의 독주가 곳곳에서 급제동이 걸리고 있다. 우선 IT 분야 공룡 기업이자 애플의 숙적인 MS가 MP3P '준(Zune)'을 앞세워 디지털 음악시장에 진출했다. 동시에 한국의 삼성전자와 일본의 소니, 미국의 샌디스크 등 후발주자들의 추격도 막아내야 한다.

애플(스티브 잡스)은 어떤 전략을 준비하고 있을까.

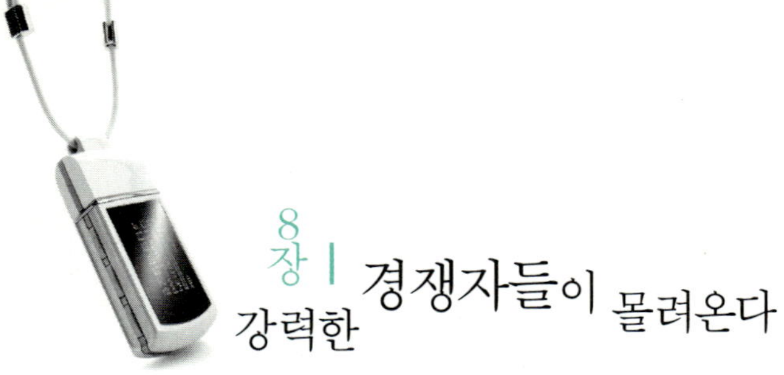

8장 | 강력한 경쟁자들이 몰려온다

1. MP3P의 질주는 끝이 없다

언제 어디서나 음악을 즐길 수 있도록 해주는 MP3P는 역사상 최고 인기상품이 됐다. 신제품이 나온 지 불과 11년 만에 연간 1억 2,000만 대씩 팔려나가는 제품은 MP3P가 최초다. 마케팅 전문가들은 이 기록이 가까운 장래에는 깨지기 힘들 것으로 전망하고 있다.

MP3P의 용도가 다양해지고 있는 것도 중요하다. 특히 MP3P는 다른 제품과 결합해 몸값을 높이는 데에도 탁월한 능력을 보인다. 이는 크게 두 가지 방향으로 이루어지고 있다.

우선 MP3P는 목걸이는 물론 손목시계, 안경, 운동화, 만년필 등으로 변신해 패션 액세서리의 역할도 훌륭하게 해내고 있다. 최근에는 화장실의 변기와 욕조에도 MP3P를 장착한 제품이 속속 등장했다. 또 휴대폰과 PDA 등에 더부살이하거나 휴대용멀티미디어플레이어(PMP)와 디지털멀티미디어방송수신기(DMB) 등으로 진화하기도 한다.

특히 PDA는 MP3P와 결합하면서 새로운 활로를 모색하고 있다. PDA는 1990년대 중반 처음 등장한 후 그동안 판매가 부진했으나 최근 이동전화에 이어 MP3P 기능을 제공하면서 IT 시장을 후끈 달구는 인기상품(킬러 애플리케이션)으로 급부상하고 있다.

이처럼 MP3P는 융합·복합기술 발전을 가속화하는 촉매제로서도 탁월한 능력을 발휘한다. 이에 따라 최근 등장하는 각종 모바일 단말기에는 MP3P가 필수 사양이 되고 있다.

이들 모바일 제품은 시간에 쫓기는 현대인의 필수품이다. 특히 음악은 다양한 액세서리와 모바일 단말기에 MP3 파일로 담겨 공기처럼 자유롭게 이동하면서 지친 현대인들의 영혼을 달래준다.

지하철을 타보면 이러한 변화가 눈에 띈다. 직장인과 학생들이 MP3P와 휴대폰, PMP, DMB 등 미디어 단말기로 초고속인터넷을 검색하다가 싫증이 나면 음악과 게임, 영화를 즐기고 방송을 시청하는 모습을 쉽게 확인할 수 있다.

이러한 의미에서 지하철은 다양한 미디어가 우리나라 보통 사람들의 생활을 어떻게 바꿔놓는지 보여주는 '진열장(showcase)'이라고 할 수 있다. 다른 용어로 표현하면 '모바일 미디어의 전쟁터'다.

지금 지하철 안의 객실에는 어떤 일이 벌어지고 있을까?

2. 지하철, 모바일 미디어의 전쟁터

'유비쿼터스 천국!'
최근 IT가 만들어내는 지하철 풍속도를 전하는 한 기사의 제목이다.

세계 최고의 IT 서비스를 제공하는 서울 지하철의 모습을 잘 묘사하고
있다.

오후 8시 지하철 분당선. 퇴근시간대가 조금 지난 시각이어서인지 지
하철 칸은 여유로워 보인다.

20대 초반으로 보이는 대학생. 그는 열심히 두 엄지손가락을 움직인다.
귀에는 단말기에 연결된 이어폰이 꽂혀 있다. 그는 무릎 위에 단말기를 올
려놓고 열심히 키를 누른다. 휴대용 플레이스테이션(PSP) 게임에 푹 빠져
있는 것.

건너편에 앉아 있는 젊은 여자 승객은 열심히 화투를 치고 있다. 휴대
폰에 내장돼 있는 '고스톱'에 식상했는지 유료 서비스에 접속해 다른 사
람과 온라인으로 게임을 하고 있다.

또 휴대폰으로 전화하고 문자를 보내는 사람들 사이에 동영상을 즐기
는 승객도 많다. 동영상을 즐기는 단말기는 크게 두 가지. 디지털멀티미
디어방송수신기(DMB)와 이동멀티미디어재생기(PMP)다.

30대로 보이는 직장인은 넥타이를 푼 채 위성 DMB로 야구경기를 보고
있다. 이처럼 주요 스포츠경기를 퇴근길에 보지 못하는 아쉬움을 달래기
위해 위성 DMB를 즐기는 사람을 어렵지 않게 만날 수 있다.

지상파 DMB를 보는 승객들도 많다. 10대 후반부터 40대에 이르는 다
양한 연령층이 지하철에서 뉴스 드라마 스포츠 버라이어티쇼를 본다. 드
라마 한 편을 보다 보면 집에 도착한다.

휴대폰과 MP3로 음악을 내려받아 퇴근길 피로를 푸는 직장인은 이제
흔해졌다. 힙합바지를 입은 청년은 옆에 있는 사람의 귀에도 들릴 만큼 음
악 소리가 커 눈살을 찌푸리게 한다.

다양한 PMP도 지하철에서 쉽게 만난다. 20대 후반 여성 직장인은 일본
만화영화를 보고 있다. 일본 사무라이로 보이는 주인공이 결투를 벌이는

장면에 푹 빠져 있다.

분당선의 하이라이트는 '와이브로(Wibro)'라고 불리는 이동 인터넷 서비스다. KT가 제공하는 와이브로 서비스는 지하철 안에서 노트북을 켜 인터넷을 할 수 있다. 이날도 3명의 대학생이 무선으로 인터넷에 접속해 포털을 검색하고 있다.

달리는 지하철에서도 인터넷에 접속, 일과 여가를 즐기는 유비쿼터스 시대의 모습이 분당선 안에서는 현실이 되고 있다.[1]

이 기사는 우리나라 기자가 외국인 경영자와 동행취재해서 쓴 것이다. 세계 최고 수준인 우리나라의 IT 기반시설과 최신 단말기, 그리고 이를 적극 받아들이는 얼리어댑터들이 만들어내는 디지털 문화가 외국인의 눈에 어떻게 비치는지 생생하게 묘사하고 있다. 그러나 짧은 기간 동안 체류하는 외국인이 우리나라의 IT를 속속들이 이해할 수는 없다. 앞에 소개된 외국인도 중요한 부분을 하나 놓친 것이 분명하다. 그것은 바로 우리나라에서 선보이는 모바일 단말기들이 겉모습은 화려해 보여도 이를 작동시키는 소프트웨어와 단말기 속에 담긴 내용물, 즉 '콘텐츠'는 빈약하다는 점이다.

이러한 편식증은 우리나라 IT 관련 업체들이 글로벌 시장에서 경쟁하는 데 걸림돌로 작용하고 있다. 실제로 우리나라 업체들이 MP3P 분야를 개척했으면서도 이 시장이 성숙한 단계에 이르렀을 때 글로벌 시장의 주도권을 애플에게 내줄 수밖에 없었던 것도 바로 이 때문이다.

1 "유비쿼터스 천국!", 《한국경제신문》, 2006년 8월 15일자.

전자우편, 휴대폰, MP3P 등 다양한 기능을 갖춘 블랙베리

이는 전 세계 IT 발전을 이끌고 있는 미국과 비교해보면 더욱 극명하게 드러난다.

땅덩어리가 넓은 미국은 IT의 기반환경(인프라 스트럭처)이 열악하다. 초고속인터넷 보급률은 30~40%에 불과하다. 이동통신(휴대폰) 서비스도 사정은 비슷하다. 아직도 지하철 등에서 휴대폰 서비스가 연결되지 않는 지역이 많다는 사실이 믿어지지 않는다.

그러나 글로벌 시장을 장악하고 있는 것은 여전히 미국 업체들이다. 이는 모순처럼 보인다. 무엇 때문에 이렇게 상반된 결과가 나왔을까. 최근 미국에서 인기 있는 모바일 서비스를 살펴보면 그 실마리를 풀 수 있다.

애플이 공급하는 MP3P '아이팟'을 빼놓고 미국 모바일 시장을 이야기하기란 어렵다. 특히 비행기를 타보면 '(미국이) 아이팟 왕국'이라는 사실을 깨닫는다. 최근 미국을 방문하고 돌아온 사람들은 "승객들이 비행기에 오르자마자 아이팟부터 꺼내들고 음악을 듣는 데 놀랐다"고 말한다. 비행기 안에서 영화 또는 음악을 즐기거나 컴퓨터 자판을 두드리는 사람도 있지만 최근 그 비율이 크게 줄었다는 설명이다.

미국 사무실은 PDA인 '블랙베리'가 점령하고 있다. 그 때문에 미국 사무실에서는 문자를 주고받는 사람을 찾아보기 어렵다. 대신 직장인들은 투박한 키보드가 달린 블랙베리를 사용한다.

캐나다 회사 RIM이 공급하는 블랙베리는 무선호출기가 발전한 것이다. 2000년대 초 블랙베리는 전자우편에 이어 휴대폰, MP3 등 부가기능을 갖춘 제품(블랙베리 펄)을 속속 선보이면서 미국 직장인들 사이에서 큰 인기를 끌고 있다. 특히 월가에서 일하는 주식 중개인들 사이에서 블랙베리는 '중독성이 강한 단말기(crackberry)'로 통한다.

위성 라디오 방송도 빼놓을 수 없다. 한 달에 20달러를 내면 광고 없는 음악과 뉴스, 오락, 인터뷰 등 200여 개 프로그램을 청취할 수 있다. 위성을 이용한 라디오 방송은 전국 어디에서나 청취할 수 있다. 이에 따라 자동차로 출퇴근하거나 장거리 여행을 하는 사람들에게 큰 인기다. 이에 힘입어 XM라디오의 가입자 숫자가 최근 1,400만 명 선을 돌파했다.

앞에서 소개한 서비스들의 공통점은 무엇일까. 첫째로 꼽을 수 있는 것은 '콘텐츠'다. 이들 서비스는 음악과 e메일, 이동전화, 뉴스 등 특화된 콘텐츠를 제공하는 데 초점을 맞추고 있다.

이들 서비스가 콘텐츠 하나만으로 성공한 것은 물론 아니다. 콘텐츠가 빛을 볼 수 있었던 것은 순전히 소프트웨어 덕분이다. 소프트웨어는 눈에 보이지 않는 곳에서 단말기를 사용하기 쉽도록 돕는 프로그램을 의미한다.

이에 힘입어 아이팟과 블랙베리, XM라디오는 각각 미국 음악애호가들과 직장인들 사이에 폭발적인 인기를 끌고 있다. 이들의 사례를 분석하면 최근 컴퓨터와 통신, 그리고 콘텐츠가 하나로 통합되는 IT 분야에서 성공하는 비결을 알 수 있다. 그것은 다음 2개 문장으로 표현할 수 있다.

위성을 이용한 XM라디오

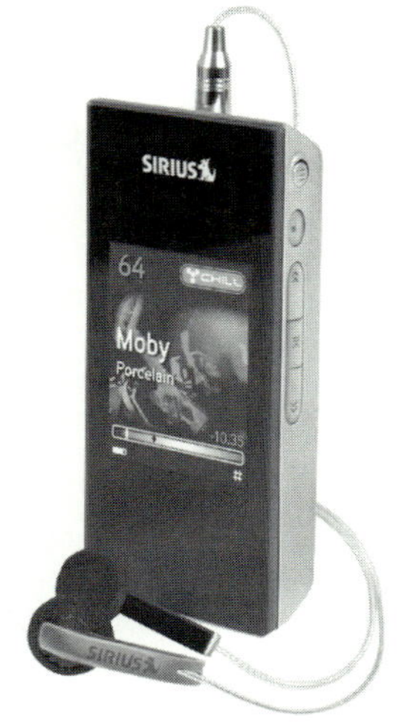

위성라디오 시리우스

'(IT가 보편적인 기술이 되면서) 단말기 성능만으로 경쟁하는 시대는 지나갔다. 단말기 속에 내장된 소프트웨어와 콘텐츠의 3박자를 모두 갖춰야 살아남을 수 있다.'

4. 아이팟 = IT 성공 모범답안

애플이 MP3P '아이팟'과 온라인음악 서비스 '아이튠즈'를 앞세워 디지털 음악(미디어) 시장을 손에 넣은 것은 이를 입증하는 모범답안이라고 할 수 있다. 좋은 제품(서비스)은 소비자들이 먼저 알아보는 법이다.

미국 조지아 공대 전자설계센터(GEDC) 부소장을 맡고 있는 임규태 박사도 아이팟의 열렬한 지지자 중의 한 명이다. 삼성종합기술원 수원 및 일본 사무소에서 일했고 2000년 미국에 건너가 조지아 공대 GEDC에서 연구 활동을 계속하고 있는 임 박사는 출퇴근 때는 물론 사무실에서 일할 때, 장거리 출장을 갈 때도 아이팟부터 챙긴다.

임 박사는 "이동할 때에는 아이팟 셔플을, 그리고 연구실에 있을 때나 장거리 출장을 갈 때에는 아이팟 구형을 각각 들고 다닌다"고 소개했다.

그는 "1980년대 대학에 다닐 때부터 고전 음악을 많이 들었기 때문에 오디오에는 관심이 많았지만, 아이팟이 나오기 전에는 음질 때문에 MP3P를 사용할 생각이 전혀 없었다"고 설명했다.

미국에서 한국과 중국, 그리고 다른 미국 도시로 장거리 여행을 자주 다니는 임 박사에게 아이팟은 항상 그의 곁을 지키는 최고의 디지털 친구다.

임 박사가 아이팟에 끌린 것은 무엇보다도 풍부한 음악 콘텐츠 때문이다. 클래식 음악 등을 담은 CD를 200여 장이나 소장하고 있는 임 박사는 이를 모두 아이팟에 저장한 후 사무실은 물론 이동 중에도 음악을 듣는다.

임 박사는 아이팟이 성공할 수 있었던 이유로 풍부한 콘텐츠와 함께, 사용자들의 감성을 자극하는 소프트웨어를 꼽고 있다. 그가 말하는 소프트웨어는 "사용하기 편한 인터페이스(User Interface: UI)와 운영체제(OS), 그리고 온라인 뮤직스토어인 아이튠즈까지 포함하는 용어"다.

임 박사는 "많은 사람들이 애플 제품은 디자인이 좋다"고 말하지만 "이는 어느 한 부분만을 본 것"이라고 지적했다. 그는 "매일같이 애플 제품을 사용하는 사람의 입장에서는 단순한 디자인보다 사용자를 생각하는 눈에 보이지 않는 배려를 느낀다"고 높이 평가했다.

예를 들어 "(애플) 노트북컴퓨터를 닫으면 저절로 휴면상태(슬립모드)가 되고 손잡이 부분에 불이 들어오면서 아주 천천히 불이 꺼지는데, 밤에 그 불을 보고 있으면 마치 노트북컴퓨터가 잠이 들어서 새근새근 숨을 쉬고 있는 것 같은 느낌마저 든다"고 덧붙였다.[2]

한국과 일본, 미국 등에서 첨단 IT를 개발하고 있는 임 박사에게 아이팟은 단순히 음악을 들려주는 단말기가 아니다. 지친 영혼을 달래주는 안식처인 것이다.

---

2 싸이엔지 토론방.
http://www.scieng.net/zero/view.php?id=now&page=13&category=&sn=off&ss=on&sc=on&keyword=&select_arrange=headnum&desc=asc&no=12330(임규태 박사 ID: bozart).

임 박사에게 아이팟은 하나의 종교가 된 지 오래다. 스티브 잡스가 이끄는 '아이팟교'는 전염성이 강하다는 점에서 여느 신흥종교와 다를 바 없다. 지금까지 전 세계에서 수천만 명이 아이팟교의 일원이 됐고, 그 숫자는 지금도 빠른 속도로 늘어나고 있다. 이들의 전폭적인 지원을 받고 있는 아이팟은 전 세계에서 불티나게 팔려나간다. 이를 바탕으로 애플은 다시 최고의 전성기를 맞고 있다.

1979년 설립된 애플은 PC 시대를 열었으나 1980년대 이 회사의 공동 창업자인 스티브 잡스가 퇴진하면서 큰 어려움을 겪었다. 지난 1997년 잡스가 다시 돌아왔을 때 델컴퓨터의 마이클 델은 "(내가 잡스라면) 회사를 청산하겠다"고 독설을 퍼부었을 정도로 애플은 사정이 어려웠다.

애플을 구한 CEO 스티브 잡스의 주가가 치솟는 것은 당연하다. 그는 최근 IT 분야에서 '우상(icon)'으로 인식되고 있다. 그러나 정상에 오른 사람은 누구나 산을 내려가야 하는 법이다. 애플의 성공 신화도 영원히 지속될 수는 없다. 특히 IT 비즈니스 세계는 롤러코스터처럼 부침을 거듭하는 곳 아닌가.

애플의 성공도 단숨에 물거품으로 만들 수 있는 복병이 곳곳에 숨어 있다.

5. 뮤직폰·PDA 등장: 모바일 음악시장 지형이 바뀐다

캘리포니아 주 레드우드 시에서 컨설턴트로 일하는 스티븐 쿠퍼 씨는 지난 연말 소니에릭슨의 뮤직폰(워크맨 W950i)을 구입했다. 그 후 그의 아이팟은 선반 위에 내동댕이쳐져 먼지가 쌓이고 있다.

"나는 평소에 여행을 많이 하는데, 휴대폰과 아이팟을 함께 갖고 다니는 것은 여간 성가신 일이 아니었다. MP3 음악 약 4,000곡을 저장할 수 있는 뮤직폰을 구입한 후 이러한 불편은 말끔하게 사라졌다. 이제는 전화 통화는 물론 음악을 들을 때도 뮤직폰을 이용한다. 900달러라는 가격이 다소 부담스러웠지만 그 효용성을 감안하면 지금은 뮤직폰을 선택한 것이 잘한 일이라고 생각한다."[3]

영국 런던에 살고 있는 회사원 라이첼 슬랙(26세)도 비슷한 경우다. 음악광인 그도 당연히 아이팟과 휴대폰, 2대의 단말기를 갖고 다녔다. 그러나 최근 워크맨 W950i를 구입한 후 생각이 바뀌었다. 휴대폰으로 음악을 충분히 즐길 수 있다는 사실을 깨달은 것이다. 그의 아이팟 역시 책상서랍 속에 고이 모셔져 있다.[4]

파이낸셜타임스에 상품 평을 쓰는 폴 테일러 씨의 가방에는 휴대폰 외에도 MP3P, PDA 등 각종 단말기들로 꽉 채워져 있었다. 그러나 최근에 RIM이 개발한 '블랙베리 8800'을 만난 후 가방이 한결 가벼워졌다. 흔히 '스마트폰'으로 불리는 이 단말기만 있으면 e메일을 주고받는 것은 물론 전화 통화와 음악, 동영상 감상까지 모두 해결되는 것이다.[5]

아이팟의 아성을 위협하는 것은 역시 휴대폰이다. 그 위력은 대단하다. 휴대폰은 우선 시장규모에서부터 MP3P를 압도하고 있다.

현재 전 세계 이동통신 가입자는 약 24억 명, 그리고 이들이 1년

뮤직폰, 스마트 폰 등이 MP3플레이어를 빠른 속도로 대체하고 있다. 사진은 소니에릭슨의 뮤직폰 워크맨 W950i

---

3 "Hot Demand for High-end Cellphone", 《월스트리트저널》, 2007년 1월 11일자.

4 "Music Phone Tackle the iPod", 《비즈니스위크》, 2006년 7월 11일자.

5 "All abord the Indigo Line", 《파이낸셜타임스》, 2007년 2월 23일자.

동안 구입하는 휴대폰만 약 10억 대에 달한다. 또 이들 중에 음악과 게임, 영화 등 멀티미디어 콘텐츠를 주고받을 수 있는 3세대(3G) 이동통신 서비스를 즐기는 인구도 약 3억 명으로 추산된다.

만약 이들이 아이팟 대신 휴대폰으로 MP3 음악을 듣는다면, 디지털 음악시장은 어떻게 될까. 이러한 변화는 MP3P 업체들에게는 치명적이다. 음악재생기와 온라인 음악시장을 장악하고 있는 애플도 예외가 아니다. 하루아침에 MP3P 시장에서 주도권을 잃게 될 수밖에 없다.

애플의 우려는 현실이 되고 있다. 전 세계 휴대폰 업체들이 MP3 음악을 들을 수 있는 단말기인 뮤직폰을 속속 내놓으면서 모바일 음악시장을 공략하고 있기 때문이다.

PDA의 성능이 하루가 다르게 향상되고 있는 것도 MP3P 업계를 위협하고 있다. 휴대폰과 PDA는 각각 전화 통화와 디지털 메모장의 역할을 담당해왔다. 그러나 최근 선보이는 휴대폰과 PDA는 이러한 역할 외에 MP3 음악을 감상할 수 있는 기능을 기본적으로 갖추고 있다.

이를 강조하기 위해 최근 선보이는 단말기에는 각각 '뮤직폰'과 '스마트폰'이라는 새로운 이름이 붙었다. 이들 단말기는 최근 전 세계 시장에 선보이자마자 큰 인기를 끌고 있다.

앞에 소개한 3명의 사례가 이를 잘 나타내준다. 이에 따라 한때 정체되었던 휴대폰 판매가 다시 늘어나고, PDA 시장에도 새로운 활력을 불어넣고 있다. 애플로서는 강력한 경쟁자를 만난 것이다.

불과 몇 년 전만 하더라도 MP3 음악을 듣기 위해서는 컴퓨터(PC) 또는 MP3P라는 전용 단말기가 필요했다. 이에 따라 길거리에서도 음악을 들을 수 있도록 해주는 모바일 음악시장은 MP3P 업체들이 독차지할 수 있었다.

그러나 더 이상 이러한 상황을 기대할 수 없게 됐다. 이제는 다양한 모바일 단말기로 MP3 음악을 들을 수 있게 된 것이다. 휴대폰(뮤직폰)과 PDA(스마트폰)만이 아니다. PMP와 DMB 등 다양한 멀티미디어 단말기도 속속 등장하고 있다.

특히 PMP와 DMB는 초고속인터넷 및 이동통신 사용 환경이 우수한 우리나라와 일본 등에서 빠르게 확산되면서 MP3P의 아성을 위협하고 있다.

우리가 이러한 변화에 관심을 가져야 하는 이유는 무엇일까. 그것은 다음 세 가지로 설명할 수 있다.

첫째는 융합·복합기술의 발전이다. 삼성전자가 세계 최초로 MP3 휴대폰을 선보였던 것은 1999년까지 거슬러 올라간다. 그러나 당시만 해도 휴대폰으로 MP3 음악을 듣는 것이 인기를 끌 것으로 전망한 사람은 소수였다. 무엇보다 음질이 나빴기 때문이다.

돌파구가 마련된 것은 2005년이다. 소니에릭슨이 내놓은 '워크맨 뮤직폰'이 큰 인기를 끌기 시작한 것. 이에 고무된 노키아, 모토롤라 등 메이저 업체들이 잇달아 뮤직폰을 선보였고 삼성전자도 시장탈환에 나서면서 치열한 경쟁을 벌이고 있다.

둘째로 들 수 있는 것은 '규모의 경제'다. 뮤직폰 기술이 발전하면서 가격이 하락하고, 이는 다시 시장 확대로 이어지고 있다.

미국 시장조사업체인 스트래티지 어낼리틱스(Strategy Analytics)는 지난해 뮤직폰 판매량이 1억 3,000여만 대를 기록한 데 이어, 오는 2010년에는 전체 휴대폰의 75%인 7억 9,600만 대에 이를 것으로 내다보고 있다. 업체별 성적을 비교해보면 뮤직폰의 위력을 실감할 수 있다.

애플은 최근 아이팟 판매가 1억 대를 돌파했다고 발표했는데 이는 휴대폰 1위 업체 노키아가 한 해 동안 판매하는 뮤직폰(지난해 약 8,000만 대, 올해 약 1억 대)과 비슷한 수준이다.

단순히 시장규모만 비교하면, 뮤직폰이 독립형(stand-alone) MP3P를 압도하고 있다고 주장하는 전문가들도 있다. 이들 중에 IT 컨설턴트인 토미 아호넨(Tomi Ahonen)의 경고는 경청할 만하다. 사실 아호넨의 논리는 간단한 사실에서 출발한다.

"디지털카메라를 장착한 디카폰이 선보인 지 불과 3~4년 사이에 시장규모가 디지털카메라를 추월했다"며 "이러한 상황이 뮤직폰 분야에서도 재현되고 있다"는 것이다.

그는 자신의 웹사이트에 올린 글(「아이팟의 붕괴」)에서 "뮤직폰을 포함할 경우 아이팟의 시장점유율은 14%에 불과하다"고 주장하고 있다. 이어 아호넨은 "2006년 전 세계에서 판매될 휴대폰 가운데 20~25%가 뮤직폰이 될 것"이라고 전망했으며 뮤직폰의 판매가 적어도 1억 9,000여만 대, 많으면 2억 5,000여만 대에 달할 것으로 추산했다.[6]

셋째로 살펴봐야 할 것은 '뮤직폰'과 '스마트폰' 분야에 참여하는 기업들은 규모는 물론 기술력 등에서 모두 세계 최강이라는 점이다.

휴대폰 업체들의 등장은 MP3P뿐만 아니라 IT 및 미디어 업계 판도에도 큰 변화를 예고하고 있다.

우선 휴대폰 분야만 보면 시장은 이미 포화상태다. 유럽연합(EU) 등 선진국에서는 휴대폰 보급률이 80%를 넘는다. 성인들은 대부분 휴대폰을 사용하고 있다는 이야기다.

6 "Demise of a Darling: iPod market share crashes to 14% amid management denials", 2006년 7월 20일.

휴대폰 업체들은 교체 수요를 만들어야 하고 이를 위해서는 뮤직폰 등 고기능 제품에 목을 맬 수밖에 없는 상황이다. 휴대폰 업체들이 '뮤직폰'과 '스마트폰' 시장에 진출하는 것도 생존을 위한 몸부림으로 이해할 수 있다. 그만큼 애플 등 MP3P 업체들에게는 위협적이다.

글로벌 시장을 대상으로 하는 휴대폰 업체들의 뮤직폰 전략을 보면 하나의 공통점을 발견할 수 있다. 그것은 바로 '콘텐츠의 강화'다. 바로 애플이 대성공을 거뒀던 '아이튠즈' 전략을 답습하는 것이다.

노키아는 콘텐츠 업체를 인수하거나 전략적 제휴를 체결하는 방식으로 뮤직폰 사업을 확장하고 있다. 노키아는 이를 위해 미디어 업체 라우드아이와 온라인 음악회사인 영국의 OD2를 잇달아 인수했고 모바일 게임을 개발하는 EA와 전략적 제휴를 체결했다.

소니에릭슨도 자사 '워크맨폰'을 기반으로 디지털 음악 시장에 진출하기 위한 준비작업을 진행하고 있다. 모토롤라는 디지털 음악을 공급하는 '아이라디오(iRadio)'와 손잡고 휴대폰으로 음악을 판매하는 사업에 본격 진출하는 것을 검토하고 있다.

이들과 비교하면 그동안 애플의 경쟁상대(MP3P 업체)는 대부분 마이너 업체들이었다. 또 이들과 겨뤘던 경기는 예선전으로 볼 수 있다. 이제 남은 것은 결승전이다. 애플로서는 체급을 바꿔 이 메이저 업체들과 정면 승부해야 한다.

6. 퇴로는 없다

MP3P 시장 내부를 보더라도 애플의 독주는 곳곳에서 위협받고 있다.

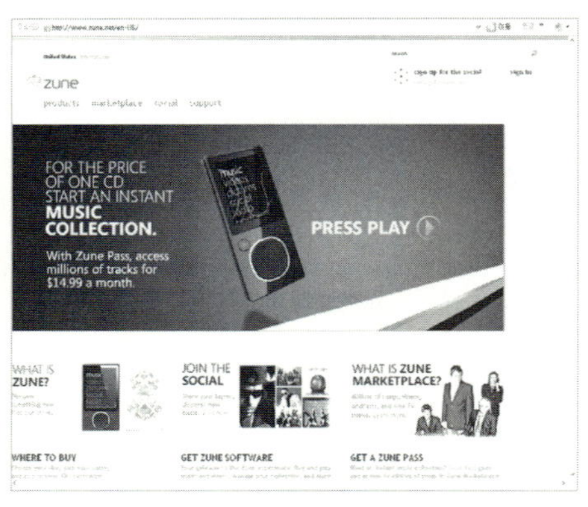

MS의 준(Zune) 사이트(http://www.zune.net/en-US)

40억 달러를 쏟아부어 개발한 MS 의 야심작, 준

우리나라의 삼성전자와 일본의 소니, 미국의 MS와 야후 등 글로벌 IT 업체들이 잇따라 애플에 도전장을 던지고 있기 때문이다.

'가랑비에 옷 젖는 줄 모른다'는 속담이 있다. 경쟁업체들이 파상공격을 퍼부으면 MP3P 시장에서 철옹성을 구축하고 있는 애플의 진지에도 균열이 생길 수밖에 없을 것이다. 특히 소프트웨어 업체 MS와 인터넷 업체 야후의 공세는 위협적이다.

먼저 IT 분야의 공룡 기업이자 애플의 숙적인 MS는 지난 2006년 11월 MP3P '준(Zune)'을 앞세워 디지털 음악시장에 진출했다. 총 40억 달러의 개발비용이 들어간 준은 철저하게 아이팟을 타깃으로 만들어졌다. 일단 가격부터 아이팟과 같은 249.99달러(약 24만 원)로 책정됐다. 그러면서도 아이팟에 없는 여러 기능을 추가했다. 같은 가격임에도 기능이 우수하다는 점을 과시하기 위한 속셈이다.

우선 음악재생 기능에만 신경을 썼던 아이팟과 달리 FM라디오 수신 기능을 추가했다. 또 하나의 무기는 무선 랜 통신이 가능하다는 점이다. 이를 통해 '준' 이용자들은 선을 연결하지 않고도 음악과 사진파일을 공유할 수 있다.

스티브 발머 MS CEO는 준을 선보인 후 언론과의 인터뷰에서 "준 출시로 전 세계 디지털 음악시장은 애플과 MS가 양분할 것"이라며 기대감을 감추지 않았다.

그러나 그동안 준이 보여준 실적은 MS의 기대에 크게 못 미친다는 것이 중평이다. 실제로 준은 지난 2006년 말 시장점유율 9%를 기록하며, 샌디스크를 제치고 MP3P 2위 업체로 올라섰다. 그러나 그 후 판매가 저조해, 최근에는 메이저 업체 대열에서 탈락해 낙오하는 모습을 보이고 있다.

시장조사회사 NPD그룹에 따르면 지난 2월 미국에서 MS의 준은 시장 점유율이 2.3%까지 격감하고 순위도 2위에서 4위로 밀려났다. 그러나 지금까지 실적만 보고 준의 성패를 판단하기는 어렵다고 전문가들은 지적한다. MS는 일본 소니와 비디오게임 시장 대결에서 승리했던 경험이 있다. "애플과의 경쟁에서도 X박스의 영광을 재현하겠다"고 벼르고 있는 것이다. 그만큼 준은 X박스와 함께 MS의 미디어 사업에서 중요한 위치를 차지하고 있다.

소프트웨어 시장을 장악한 MS는 2000년대 들어 방향전환을 시도한다. 그것은 바로 단말기(HW) 사업 진출이다. MS가 처음 목표로 잡은 시장은 비디오게임기다. MS는 1년여의 준비 끝에 비디오게임기 X박스를 선보이며 게임 시장에 진출했다.

지금까지 X박스 판매는 3,500여만 대에 달한다. MS는 이를 바탕으로 게임개발 및 유통 분야까지 진출해 대성공을 거둔다. 이는 애플이 2001년 뒤늦게 MP3P 아이팟을 내놓으며 디지털 음악시장을 장악한 것과 유사한 전략이다.

따라서 두 회사가 음악과 게임, 영화 등을 포함하는 디지털 미디어 시장에서 서로 물러설 수 없는 승부를 벌이는 것은 당연한 결과로 이해할 수 있다. MP3P는 그 전초전의 성격이 짙다.

지금까지는 준(MS)이 아이팟(애플)의 적수가 되지 못하는 것이 분명하다. 그러나 앞으로 어떻게 돌변할지는 누구도 점칠 수 없다.[7]

한편 인터넷 업체 야후의 추격전도 만만치 않다. 야후는 그동안 애플의 온라인 음악 서비스 '아이튠즈'를 상대로 가격 전쟁까지 선포해봤지

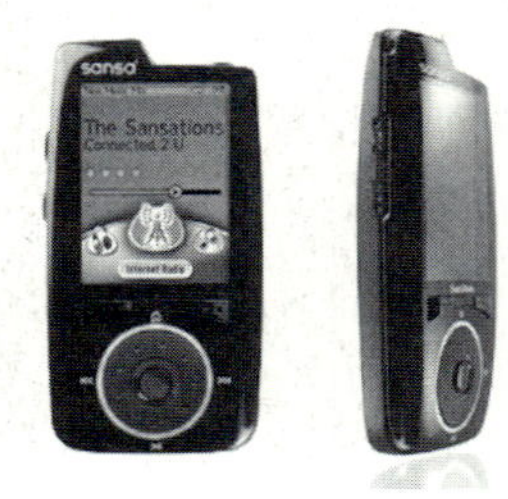

'야후연합군'이 내놓은 산사 커넥트. 무선으로 접속해 원하는 음악을 들을 수 있다.

만 온라인 음악시장에서 판을 뒤집기는 역부족이었다.

그런데 최근 야후가 타도 애플을 위해 또 한 번의 승부수를 던졌다. 이번에는 연합군 전략이다. 야후는 샌디스크, 징시스템스 등과 함께 무선으로 음악을 들을 수 있도록 해주는 MP3플레이어 산사 커넥트를 선보였다. 산사 커넥트의 가격은 250달러. 야후 온라인 음악 서비스는 물론 플리커 등 다른 야후 서비스들과도 연계돼 있다. 가장 큰 특징은 와이파이(Wi-Fi) 네트워크가 있는 곳이라면 언제든지 야후 음악 서비스 사이트를 방문해서 듣고 싶은 음악을 마음대로 가져다 들을 수 있다는 것.

야후 연합군이 애플 아이팟과 가장 큰 차별점으로 내세우는 것도 바로 이것이다. 아이팟은 모바일 다운로드 기능이 제공되지 않는다.

산사 커넥트와 야후 서비스들 간의 긴밀한 연계는 신생 업체 징시스템스가 개발한 소프트웨어 덕분이다. 징시스템스는 전직 애플 고위 경영자가 공동 설립자로 참여하고 있다. 징시스템스는 야후·산사 커넥트가 MP3P를 가져본 적이 없는 사람들은 물론 애플 아이팟 사용자들에게 호소력을 발휘하기를 희망하고 있다.

하지만 이에 대한 평가는 엇갈린다. 길을 가다가 어떤 노래를 들었는데 MP3P에는 저장되어 있지 않아 아쉬워했던 사용자들에게 산사 커넥트가 매력적인 제품이 될 것으로 기대하는 측과, 그런 사용자가 과연 얼마나 될까 의문을 표시하는 사람들로 양분되어 있는 것이다.[8]

7 "June sees bounce, but not for long", C넷(MP3닷컴), 2006년 12월 6일, "Microsoft's Xbox Whiz Drives Strategic Shift", 《월스트리트저널》, 2007년 1월 5일자.

앞에 소개한 업체들의 움직임 못지않게 중요한 것이 있다. 바로 이들의 참여로 MP3P 시장에 어떤 변화가 나타날 것인가 하는 점이다. 이는 크게 네 가지로 정리할 수 있다.

우선 지적할 것은 MP3P가 범용제품이 됐다는 점이다. 이는 특별한 기술이 없어도 MP3P 시장에 진출할 수 있다는 것을 의미한다.

최근 휴대폰과 PDA 등 첨단 기술업체뿐만 아니라 가전(삼성·소니), 컴퓨터 주변기기(샌디스크) 업체들까지 MP3P 시장에 속속 진출하고 있는 것은 모두 이러한 이유 때문이다.

둘째, 이러한 상황에서 MP3P 업체들에게 남은 것은 '가격경쟁'뿐이다. 애플도 이러한 변화에서 예외일 수 없다. MP3 음악을 즐길 수 있는 단말기가 다양해지고 메이저 업체들이 참여하면서 애플의 독주는 근본부터 흔들리고 있다.

셋째, 업체들 간 경쟁이 치열해지면서 시장점유율과 수익성을 동시에 위협하고 있다.

끝으로 MP3P 업체들에게는 악몽과도 같은 상황이 오히려 즐거운 사람들도 있다. 바로 소비자다.

음악애호가들이 집과 사무실, 그리고 이동할 때에도 음악을 즐길 수 있게 된 것은 순전히 MP3P 덕분이다. 또 앞으로 MP3P뿐만 아니라 휴대폰(뮤직폰)과 PDA(스마트폰), PMP 등으로 MP3 음악을 들을 수 있게 되면 소비자들은 더욱 다양한 음악 서비스를 저렴한 가격에 즐길 수 있을

---

8 "A New Wireless Player Hope to Challenge iPod", 《월스트리트저널》, 2007년 4월 9일자; "'무선' 앞세운 야후연합군, 애플 아이팟 잴 수 있을까?", 블로터닷넷, 2007년 4월 10일, http://delight.bloter.net/_news/8df42daebfeb7bcc.

것으로 기대된다.

이쯤 되면 '언제 어디서나 음악을 즐긴다'는 표현은 식상해져서 더 이상 사용하지 않고 '산소(공기)로 숨을 쉬는 것처럼, 1년 365일 내내 음악과 함께 생활한다'는 표현이 새로운 캐치프레이즈로 등장할지도 모른다.[9]

---

9 산소컴퓨터라는 용어는 MIT 컴퓨터과학연구소 소장을 지낸 마이클 더투조스 교수가 펴낸 책 『미완의 혁명(The Unfinished Revolution)』에서 처음 사용됐다. 이는 컴퓨터가 산소처럼 도처에 흩어져 있으면서 눈에 보이지 않게 된다는 것을 의미한다. MIT는 이를 위해 '옥시전 얼라이언스(Oxygen Alliance)'라는 연구 프로젝트를 발족시켰는데 연방정부와 대기업이 5,000만 달러를 지원하고 있다("이인식 칼럼: 컴퓨터가 산소처럼 흔한 세상", 《한겨레》, 2001년 5월 20일자).

이제 MP3 파일로 음악을 감상하는 것은 공기를 마시는 것처럼 흔한 일이 되었다. 그 주역은 음악재생기 MP3P다. MP3P의 특징은 빠른 기술 발전을 들 수 있다. 1997년 우리나라에서 처음 개발되어 불과 11년 만에 첨단 기술제품에서 '일상용품(commodity)'으로 변신한 것은 MP3P가 처음이다.

이는 관련 업체들에게는 비극이다. 애플의 고민도 여기에서 출발한다. 비록 지금은 MP3P 분야에서 큰돈을 벌고 있지만 시장 곳곳에서 이미 '파장' 분위기가 묻어나기 때문이다.

이를 타개하기 위한 애플의 전략은 무엇일까. 그것은 바로 '선제공격'이다. '아이폰'은 이를 위한 비장의 무기다. 주사위는 이미 던져졌다. 애플은 2007년 6월 말 아이폰을 선보였다.

아이폰에 담긴 기능과 애플이 이동통신 업체 싱귤러와 맺은 제휴, 그리고 외주생산(아웃소싱) 등이 갖는 의미를 살펴보는 것도 흥미로울 것이다.

　최근 미국에서는 신제품 발표의 성공 여부를 평가하는 기준이 바뀌고 있다. 예전에는 신문과 방송 등에 보도된 후 시장조사회사 직원들이 소비자들의 반응을 분석했으나 최근에는 네티즌들이 인터넷에 올리는 글, 즉 블로그를 보고 신제품의 성공 여부를 판단한다.

　그 이유를 들어보면 누구라도 고개를 끄덕이게 된다. 전통적인 시장조사는 조사방식에 따라 결과가 다르게 나오지만 블로그는 자발적인 의사표현이라는 점에서 여론형성에 강력한 영향력을 행사한다는 것이다.

　시장조사 전문가들은 구체적으로 신제품이 조지 부시 미국 대통령보다 더 많이 인용되면 "소비자들의 관심을 끄는 데 성공한 것으로 평가한다"고 전한다. 애플이 최근 선보인 '아이폰(시제품)'의 여론몰이에 이들이 촉각을 곤두세우는 것도 무리는 아니다.

　온라인 시장조사회사인 닐슨버즈메트릭스가 이를 뒷받침하는 보고서를 발표해 관심을 끌고 있다. 이 보고서에 따르면 스티브 잡스가 아이폰을 발표한 1월 9일과 10일 이틀 동안 블로거들이 아이폰을 인용한 비율은 2.25%를 기록했다. 이는 조지 부시 대통령보다 무려 10배(0.25%)나 더 높은 수치다. 보고서는 또 인터넷에서 시작된 입소문이 신문과 방송 등 오프라인 미디어를 통해 전 세계에 전파되고 있다고 분석했다.

　미디어 컨설턴트로 활약하는 수 모셀리 인튜이티브 퓨처 월드와이드 사장은 "아이폰의 발표는 인터넷이 여론형성뿐만 아니라 이를 확산시키는 데에도 주도적인 역할을 수행하고 있음을 보여준다"고 설명했다.[1]

　아이폰의 인기는 한때의 유행으로 끝날까, 아니면 모바일 시장을 뒤흔들 태풍으로 발전할 수 있을까? 이 질문에 답하기에 앞서 애플의 '아이폰'이 어떤 단말기인지 살펴보자.

아이폰은 한마디로 '아이팟과 인터넷, 휴대폰을 하나로 합친 제품'으로 규정할 수 있다. 아이팟은 애플이 대박을 터뜨린 음악재생기(MP3P)다. 이 제품 하나로 한물간 회사로 치부되었던 애플은 최고의 IT 기업으로 화려하게 변신했다.

따라서 아이폰은 애플의 전매특허가 된 MP3P에 인터넷 검색과 e메일, 이동통신 기능까지 갖춘 '만능 모바일 단말기'라고 할 수 있다. 최근 전 세계의 이목이 아이폰에 집중되는 것은 당연한 결과라 할 것이다.

스티브 잡스는 지난해 1월 샌프란시스코 모스콘(Moscone) 컨벤션센터에서 개최한 '맥월드 콘퍼런스&엑스포'에서 이 비장의 '무기'를 공개했다. 인터넷 등으로 전 세계에 중계된 그의 연설은 그 어느 때보다 자신감이 넘쳤다.

스티브 잡스는 연단에 올라서자마자 "애플이 오늘 휴대폰을 재발명(reinvent)한다"고 큰소리쳤다. 아무도 못 말리는 스티브 잡스의 자신감은 어디에서 나오는 것일까? 이날 그가 행한 연설을 분석하면 그 답을 가늠해볼 수 있다.

오늘 우리는 함께 새 역사를 만들게 될 것입니다. 내가 지난 2년 반 동안 고대했던 날이기도 합니다.
오늘 여러분은 디지털 기기의 미래를 보여주는 세 가지 상품을 보게 됩니다. 첫째, 대형화면(와이드스크린)을 채용한 아이팟입니다. 둘째, 혁명

1 "iPhone presents a test case for media buyers", 《파이낸셜타임스》, 2007년 1월 30일자.

적으로 변신한 새 휴대폰입니다. 그리고 셋째, 새로운 인터넷 커뮤니케이션 장치입니다.

이것들은 전부 다른 기기가 아닙니다. 바로 이 하나의 기기 '아이폰(iPhone)'에 다 들어 있습니다.

이제까지 가장 앞선 기술을 보여준 폰은 '스마트폰'이었습니다. 플라스틱 자판(키보드)이 달려 있습니다. 이 제품들의 문제는 이름만 똑똑한 휴대폰(스마트폰)이지, 전혀 똑똑하지 않았다는 것입니다.

게다가 사용하기도 쉽지 않습니다. 이는 큐 트레오 블랙베리를 보면 알 수 있습니다.

전체 화면의 40%를 차지하는 자판(키패드)이 아래쪽에 있습니다. 자주 쓰든 안 쓰든 모든 버튼이 고정되어 있습니다. 게다가 새로운 버튼을 추가할 수도 없습니다. 그러나 사용자들은 저마다 다른 종류의 버튼을 사용합니다.

기존 제품과 완전히 다른 사용자 환경(User Interface: UI)이 필요하다고 우리는 생각했습니다.

아이폰은 모든 버튼을 제거했습니다. 그러면 어떻게 이 장치를 마음대로 조종할까요? 기존의 스타일러스펜을 사용한다고요? 이렇게 불편한 것을 누가 좋아합니까?

전 세계에서 가장 성능이 뛰어난 '포인팅장치'를 사용하면 됩니다. 바로 우리의 손가락입니다. 이를 위해 우리는 '멀티터치(Multi-touch)'라고 불리는 신기술을 도입했습니다. 이제 펜은 필요 없습니다. 손가락으로 어떠한 장치보다 정확하게 터치해서 원하는 화면을 부를 수 있습니다.

또 아이폰은 기존 소프트웨어보다 5년 정도 앞서가는 OS(운영체제) 'X'를 장착하고 있습니다. 왜 휴대폰에 이런 정교한 OS가 들어가야 합니까?

한꺼번에 여러 가지 일(Multi-tasking)을 수행해야 하기 때문입니다. 예를 들면 인터넷 검색과 스케줄 관리와 영화·게임·음악 감상, 이동통신 등 우리가 필요한 모든 작업을 한 기기로 해결할 수 있어야 하기 때문입니다.

디자인에 대해서도 한마디 덧붙이고 싶습니다. 모든 것이 손가락을 대면 작동합니다. 휴대폰을 열 때에는 손가락으로 화면을 가로지르면 됩니다. 손가락을 화면에 갖다 대면 다양한 기능이 차례로 나타납니다.

주위 사람들이 "이들 기능을 아래위로 몇 번 움직여본 순간 반했다"라고 털어놓을 정도로 사용하기 쉽습니다.

사진도 마찬가지입니다. 손가락으로 대는 것만으로도 화면에 보이는 사진을 크게 혹은 작게 만들 수 있습니다. 두 손가락 사이를 벌리면 사진도 함께 커지고, 손가락 사이를 오므리면 사진이 작아집니다. HTML 이메일도 사용할 수 있습니다. 구글맵도 물론 쓸 수 있습니다.

뉴욕타임스 홈페이지를 보여드리겠습니다. 컴퓨터(데스크톱)로 즐기던 것과 똑같은 화면을 고해상도로 즐길 수 있습니다. 사진을 손가락으로 확대하고 줄였듯이 인터넷 사이트도 손가락으로 특정 부분을 확대·축소할 수 있습니다.

원하는 기사에 손을 대기만 하면 바로 읽을 수 있습니다.[2]

2. 이동통신 거물도 잡스 앞에는 몸을 낮추는 까닭?

후발주자인 아이팟이 MP3P 시장에서 두각을 나타낼 수 있었던 것은 2003년 4월에 개통한 '아이튠즈'의 지원 덕분이다. 아이팟은 독자적인 온라인 유통망을 갖추기까지 약 1년 반 동안 기다려야 했다.

이에 비하면 '아이폰'은 여러 가지로 유리한 환경에서 소비자들을 만

---

2 "애플이 핸드폰을 다시 발명했다", ≪조선일보≫, 2007년 1월 12일자.

날 것으로 전문가들은 내다보고 있다. 무엇보다도 아이팟, 아이튠즈의 후광과 함께 싱귤러라는 이동통신회사까지 애플 진영에 가세했기 때문이다.

미국 최대 이동통신회사인 싱귤러의 무기는 6,000만 명에 달하는 가입자. 애플은 안정적으로 단말기를 공급할 수 있는 교두보를 확보한 것이다.

또 하나 눈여겨볼 것은 두 회사 간의 제휴 내용이다. 이동통신 서비스 업체들은 가입자들을 볼모로 단말기(휴대폰) 업체들과 제휴할 때 자신들에게 유리한 조건을 강요해왔다.

그러나 애플과의 협상에서는 이러한 관행이 통하지 않았다. 스티브 잡스는 콧대 높기로 유명한 이동통신 서비스 회사들과의 협상에서도 자신의 주장을 고집했고, 끝내 관철시켰다.

이렇게 탄생한 것이 바로 '애플·싱귤러' 연합전선이다. 그러나 말이 좋아 제휴이지, 그 내용을 들여다보면 서비스 업체(싱귤러)가 단말기(애플) 업체의 우산 아래 들어간 것이나 마찬가지다.

WSJ는 싱귤러 직원들이 '항복문서'라고 비아냥거렸을 정도로 스티브 잡스가 협상을 주도했다고 보도했다.[3]

애플이 독자적인 휴대폰 개발에 나선 것은 2005년으로 거슬러 올라간다. 애플이 이를 위해 가장 먼저 해결해야 할 숙제는 단말기를 안정적으로 공급할 이동통신 업체를 선정하는 것이었다.

스티브 잡스는 버라이즌와이어리스 등 이동통신 업체들과 제휴를 추

3 "Apple Coup=How Steve Jobs Played Hardball to Birth iPhone", 《월스트리트저널》, 2007년 2월 17일자.

진했지만 아무도 그와의 협상에 적극 나서지 않았다. 이들은 대부분 아이폰을 기존 휴대폰 단말기와 같이 취급하는 오류를 범했다.

스티브 잡스의 제안을 받아들인 것은 스탠 시그먼 싱귤러 CEO다. 잡스는 시그먼에게 "이동통신사들의 음성통화 매출이 감소일로에 있다"며 "싱귤러가 인터넷 사업부문에 집중하는 것을 애플이 도울 수 있다"고 강조하면서 싱귤러의 변화를 촉구했다. 스티브 잡스는 협상의 귀재답게 상대방의 약점을 물고 늘어지는 전략을 구사했다. 마침내 시그먼이 굴복했다.

애플은 지난 2006년 7월 싱귤러와의 합작이 결정되자 곧바로 모든 역량을 단말기 개발에 쏟아부었다. 양사는 기술진을 파견·교류하면서 비밀리에 제품 개발에 매진했다. 각 단계 개발자들이 전체적으로 무엇을 개발하는지 모를 정도로 보안을 유지했다. 그리고 이 과정을 거쳐 마침내 지난해 1월 애플의 최대 축제인 '맥월드 콘퍼런스&엑스포'에서 아이폰은 첫선을 보였다.

양사의 제휴는 상호 '윈-윈' 효과를 불러올 전망이다. 애플은 진일보한 단말기를 내놓았으며, 싱귤러는 자사의 네트워크를 통해 인터넷 등을 서비스할 수 있게 됐다.

싱귤러는 아이폰 웹서비스 이용 관련 수입 등 매출도 매달 일정 부분 애플과 나누어 갖기로 합의했다. 이는 이동통신사로서는 매우 어려운 결정이다. 이동통신사업자가 일방적으로 유리한 사업구조를 갖고 있기 때문이다.

지금까지 휴대폰 공급자들은 이동통신사업자들에게 단순히 단말기를 판매하기만 하면 됐다. 다른 이동통신사들과 애플의 협상이 결렬된 것은 이러한 입장차가 컸다는 후문이다.

시그먼은 애플에게 이동통신 관련 서비스 수익의 일부를 나눠주기로 한 대신 아이폰의 미국 내 독점 판매권을 확보했다.

인터넷폰이라는 미래기기를 손에 넣은 것. 아이폰은 최근 미국 소비자들에게 큰 관심을 끄는 모바일 기기다. 덕분에 싱귤러는 미국에서 막대한 판매증대 효과를 누릴 것으로 기대하고 있다.

애플은 지난해 6월부터 아이폰 판매를 시작해 올해 말까지 약 1,000만 대를 판매할 계획이다. 이는 전 세계 휴대폰 시장(연간 약 10억 대)의 약 1%에 해당하는 물량이다.

3. 성공과 실패는 '종이 한 장 차이'

'애플·싱귤러' 연합전선이 공동의 목표를 달성할 수 있을까? 이에 대해서는 낙관론과 비관론이 교차하고 있다. 이들의 논쟁을 분석하면 최근 모바일 시장에서 힘의 균형이 어디로 기울고 있는지 이해할 수 있다.

앞에서 주로 아이폰의 성공 가능성을 거론했다면 그 반대편에 있는 회의론자들의 주장은 어떤 것일까?

사실 아이폰은 애플의 첫 번째 휴대폰 사업이 아니다. 애플은 아이폰 이전에도 미국 휴대폰 업체 모토롤라와 손잡고 휴대폰으로 MP3음악을 들을 수 있는 MP3폰 '로커(Rokr)'를 내놓았으나 이 제품은 철저한 패배를 맛봤다.

IT 전문지 ≪와이어드≫가 두 회사의 제휴 내용과 공동개발, 그리고 이 프로젝트가 실패할 수밖에 없었던 이유를 분석한 기사를 게재했다.

'MP3폰의 노른자위를 차지하기 위한 전쟁'이라는 기사를 읽어보면

아이팟과 휴대폰, 그리고 이동통신사업자 간의 이해관계가 어떻게 얽혀 있는지 이해할 수 있다.[4]

애플과 모토롤라가 MP3폰 '로커'를 내놓은 것은 2005년 9월이다. 두 회사가 이를 처음 논의한 것은 2004년 1월. 애드 잰더(Ed Zander) 회장이 모토롤라의 새로운 사령탑을 맡은 것이 계기가 됐다.

실리콘밸리에서 오랫동안 친분을 유지했던 애드 잰더 회장이 중서부에 있는 모토롤라로 영전해갈 때 스티브 잡스가 축하전화를 하면서 자연스럽게 두 회사 간의 협력방안을 논의했다고 한다.

이렇게 태어난 것이 바로 '아이튠즈폰'으로 더 유명한 '로커'다. 아이팟으로 최고의 전성기를 누리는 애플이 이동통신의 개척자(모토롤라)와 손을 잡은 것이다.

당연히 소비자들은 이동 중에도 전화와 음악을 동시에 즐길 수 있는 명품 단말기가 태어날 것으로 기대했다. 그러나 결과는 정반대였다. 이들이 공동 개발한 '로커'폰에서는 전 세계 소비자들을 열광시킨 아이팟의 세련된 디자인이나 레이저의 초박형, 그 어느 것도 느낄 수 없었다.

≪와이어드≫는 그 이유를 두 회사의 상충되는 이해관계에서 찾고 있다. 즉, 모토롤라는 아이팟의 인기를 이용해 휴대폰 시장에서 위상을 높이려고 한 반면, 애플은 휴대폰의 위협을 막기 위해 적(모토롤라)과 손을 잡았다는 것이다.

따라서 '로커'의 개발과정이 순조로울 수가 없었다. 우선 '로커'폰에 아이팟의 음악 프로그램인 페어플레이를 사용한 것이 화근이었다.

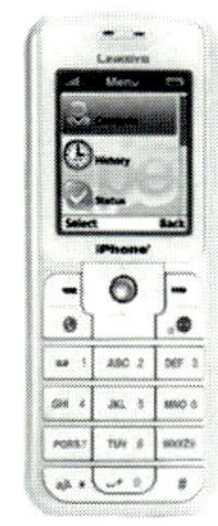

'도착과 함께 사망한(DOA)' 비운의 단말기, 로커 (Rokr)

4 "Battle for the Soul of the MP3 Phone", ≪와이어드≫, 2005년 11월.

음악 저작권을 보호하는 데 초점을 맞춘 페어플레이 프로그램을 사용하면 아이튠즈에서만 음악을 구입할 수 있고 그것도 100곡까지만 저장할 수 있도록 제한하고 있기 때문이다. 이는 경쟁제품(노키아 뮤직폰 N91)에 비해 저장용량과 사용의 편리함 등에서 모두 크게 뒤지는 것이었다. '로커'폰의 실패는 이미 이때부터 예견된 것이나 마찬가지다.

이 부분에서 의문이 떠오른다. 바로 IT 분야 최고의 승부사들이 왜 이처럼 어처구니없는 결정을 했을까, 하는 점이다. 그 이유는 분명하다. 모바일엔터테인먼트포럼을 이끌고 있는 패트릭 패로디 사무국장은 "한마디로 아이팟이 희생되는 것을 원하지 않았기 때문"이라고 설명한다. "애플의 이중 전략에 모토롤라가 말려들었다"는 것이다.

2005년 9월에 선보인 '로커'폰은 약 30만 대를 판매하는 데 그쳤다. ≪와이어드≫는 이 제품이 '도착과 함께 사망한(DOA)' 비운의 단말기라고 평가했다.

모토롤라의 사례는 디지털 비즈니스에서 성공과 실패는 '종이 한 장 차이'라는 점을 웅변으로 보여주고 있다.

4. 아이폰과 '동상이몽'

애플과 싱귤러의 합작제품인 아이폰이 '로커'의 실패를 잠재우고 현재 초기 단계에 놓여 있는 스마트폰을 모바일 단말기의 주력 제품으로 바꿔놓을 수 있을까?

이에 대해서는 다양한 전망이 나오고 있다. 이동통신 서비스와 단말기 업체들이 아이폰의 등장을 적극 환영하고 있는 것으로 알려졌다. 물론 그 이유는 업체들마다 미묘한 차이를 보인다.

로이터통신이 최근 미국 뉴욕에서 개최한 '글로벌 테크놀로지, 미디어 앤드 텔레콤 서밋'은 이를 확인할 수 있는 자리였다. 토론에 참가한 이동통신 서비스 및 단말기 업체 경영자들은 기대에 부푼 전망을 쏟아냈고 이는 로이터통신을 통해 전 세계에 알려졌다.

'아이폰 파도 타고 뮤직 비디오폰 시장 열린다', '이통 서비스 업체 아이폰 효과 기대한다' 등의 기사 제목만 봐도 IT 관련 업계가 아이폰에 얼마나 큰 기대를 걸고 있는지 알 수 있다.

또 기사를 자세히 읽어보면 애플과 이동통신 서비스 및 단말기 업체 경영자들이 아이폰의 등장을 각각 자기에게 유리한 대로 해석하고 있음을 알 수 있다. 주요 내용을 소개한다.[5]

경쟁업체 경영자들은 아이폰의 미래가 순탄하지만은 않을 것으로 분석했다. 그러나 기존 단말기들의 성격을 완전히 바꿔놓을 것이라는 데 대해서는 한목소리를 냈다.

특히 이통 서비스 업체들은 아이폰이 가져다줄 변화에 민감한 반응을 보였다. 이들은 음성 위주의 이통 시장에서 데이터통신 위주로 넘어가는 예고편이 바로 아이폰이 될 것으로 전망했다.

아이폰의 성공에 목말라하는 것은 물론 애플 자신일 것이다. 그러나 미국에서 2년 동안 독점적으로 아이폰 서비스를 제공하기로 한 AT&T(싱귤러)도 아이폰 서비스 제공을 계기로 음성 위주의 이동통신 시장이 자사에

---

5 "Music, video phones may ride iPhone wave, Carriers See Apple iPhone Halo Effects", http://www.reuters.com/article/technologyNews/idUSN1743183920070518.

유리하게 변할 것으로 전망했다.

이는 이날 토론에 참석한 존 스탠키 AT&T 사장(서비스 담당)의 발언 곳곳에서 읽을 수 있다.

그는 "휴대폰과 아이팟, 그리고 PDA 3개의 단말기를 들고 다녀야 하는 사람들에게 아이폰의 등장은 환영할 만한 소식"이라고 말했다. 또 "통합 서비스를 원하는 고객의 요구가 분명 존재하고, 그 시장은 생각보다 크다"고 주장했다.

AT&T의 경쟁사인 버라이존커뮤니케이션스도 예외가 아니다. 데니 스트리글 서비스 담당 사장은 "아이폰의 출시로 모바일 음악시장이 달아오를 것"으로 전망했다.

그 이유를 들어보면 솔직함에 놀라게 된다. "애플 아이팟에 통신과 미디어 기능까지 한꺼번에 제공하는 것만으로도 시장변화를 위한 모멘텀(계기)이 될 수 있다"고 진단했다. 이어 스트리글 사장은 "버라이존은 모바일 음악시장이 열릴 것에 대비해서 오래 전부터 준비해왔다"고 밝혔다. 그러면서 이에 따라 "모바일 음악은 물론 영화와 방송, 스포츠 중계 등 데이터통신 시장에서도 충분히 승산이 있다"고 덧붙였다.

그러나 휴대폰 업체들의 반응은 이와 크게 달랐다.

우선 아이폰은 이동전화와 데이터통신을 할 수 있는 스마트폰의 하나로 분류되기 때문에 기존 스마트폰 시장 추이를 그대로 따라갈 것이라고 보는 견해가 다수를 차지했다.

스마트폰은 휴대폰에 비해 크기가 크고 가격은 비싸서 판매가 저조했다. 그 때문에 스마트폰은 과거 오랫동안 휴대폰 시장의 주류로 발전하지 못했다.

아이폰이 등장한다고 해도 이러한 상황이 당장 크게 달라지지는 않을 것이라는 설명이다. 그러나 일부 참석자들은 아이폰이 등장하면 스마트폰 시장이 크게 확대될 수 있다고 기대했다. 흥행의 귀재인 스티브 잡스가 본격적으로 참여하면 모바일 단말기의 판도도 휴대폰에서 스마트폰으로 바뀔 수 있다고 전망하는 것이다.

소니에릭슨의 마일즈 플린트 사장은 "아이폰의 등장은 컴퓨터와 통신, 방송을 하나로 묶는 컨버전스 시대의 개막을 알리는 것"이라고 의미를 부여하기도 했다.

그는 이어 "앞으로는 언제 어디서나 어떤 콘텐츠라도 즐길 수 있는 환경이 될 것이며, 소비자들은 인터넷을 접속하는 모바일 단말기를 원하고 있다"고 주장했다.

당연히 휴대폰 업체들도 발 빠르게 대응하고 있다. 휴대폰 1위 업체인 노키아의 최고경영자(CFO)인 릭 사이몬슨 부사장은 "노키아가 모바일 단말기 분야에서 최고의 기술력을 갖고 있는 만큼 스마트폰 시장에서도 좋은 성적을 낼 수 있을 것"이라며 기대를 감추지 않았다.

마지막으로 셋톱박스(슬링박스) 업체 슬링미디어의 CEO 블레이크 크리코리안 사장의 평가도 경청할 만하다. 블레이크 사장은 "아이폰은 버튼이 하나뿐이기 때문에 데이터 처리에 절대적으로 불리하다"고 지적했다. 그는 특히 "사람들이 이메일이나 데이터서비스를 원하는 경우 문자 입력이 필수적인데, 아이폰은 이러한 작업을 위한 배려가 전혀 없다"고 꼬집었다.

이들의 발언을 어떻게 받아들여야 할까? 이에 대해서는 파워 블로거로 활약하는 박병근 다이시스 차장의 해설이 큰 도움이 된다. 킬크로그라는 블로그(http://cusee.net)를 운영하는 박 차장은 최근 블로그에 로이터통신의 기사를 소개하며 '아이폰과 동상이몽'이라는 제목을 붙였다. 첨단 기술 비즈니스에서 살아남아야 하는 IT 분야 최고경영자들의 희망 사항에 불과하다는 설명이다.

그렇다면 이들의 희망은 얼마나 실현될 수 있을까? 이 질문에 대해 자신 있게 대답할 수 있는 사람은 아무도 없을 것이다. 고려할 변수가 너무나 많기 때문이다.

이럴 경우에는 무리한 점쟁이가 되기보다 모바일 음악시장의 판도를 바꿀 수 있는 요인을 살펴보는 것이 복잡하게 얽혀 있는 상황을 객관적으로 이해하는 방법일 것이다. 이를 통해 아이폰의 등장으로 누가 최고의 혜택을 누릴지 독자들도 스스로 전망해볼 수 있으리라고 본다.

가장 큰 관심을 끄는 것은 역시 이동통신 서비스 업체들이다. 이들의 무기는 수천에서 수억 명에 달하는 서비스 가입자들이다. 이를 바탕으로 모바일 콘텐츠 시장을 장악하고 있다.

또 이동통신 서비스 업체들은 1990년대 말 통화연결음(벨소리) 서비스를 제공해 기대 이상의 성공을 거뒀고 그 후에도 착신과 원음 서비스 등 다양한 음악 서비스를 제공해왔다. 따라서 이들은 새롭게 열리는 모바일 음악분야도 일단 이동통신 업체들에게 유리한 시장 환경이 조성될 것으로 기대하고 있다.

또 이들은 길을 가다가 마음에 드는 음악을 들었을 때 바로 그 음악을 검색, 구입하는 데는 휴대폰이 가장 유리하다고 주장한다. 그러나 이동통신 서비스 업체들에게도 아킬레스건이 있다. 그것은 바로 가격경쟁력이 떨어진다는 점이다.

애플 아이튠즈는 간단하게 컴퓨터에서 음악을 내려받을 수 있는 데 비해 휴대폰으로 음악을 판매하려면 통신망(이동통신 업체)뿐만 아니라 온라인 음악 판매 및 저작권 관리(DRM) 등을 담당하는 기술업체들과의 협력이 필수적이다. 이에 따라 비용이 많이 발생하고, 음악을 구입하는 가격도 그만큼 비쌀 수밖에 없다는 설명이다.

시장조사회사 오범이 발표한 보고서에 따르면 휴대폰으로 음악을 판매하는 데 필요한 원가는 15~60센트다. 이와 별도로 저작권자(음반회사)

에게도 총수입의 70%를 지불해야 하는 상황까지 감안하면 미국 이동통신 업체들은 음악을 판매할 때 1곡당 3달러를 받아야 수지를 맞출 수 있다고 한다.[6]

이는 1곡당 99센트를 받는 아이튠즈에 비해 무려 3배나 많은 액수다. 그동안 모바일 음악시장에서 이동통신 업체들이 아이팟 등 MP3P 업체들의 적수가 되지 못했던 것은 바로 이 때문이다.

애플 아이폰이 그 대안이 될 수 있을까? 이 질문에 대해서도 낙관론과 비관론이 팽팽하게 맞서고 있다.

아이팟 지지자들은 그 후속제품인 아이폰도 음성 위주의 모바일 시장을 데이터(멀티미디어) 통신 위주로 바꾸는 동시에 모바일 음악시장에서 새로운 대박상품(킬러 애플리케이션)으로 등장할 것으로 전망한다. 앞서 소개한 로이터통신의 기사가 이러한 분위기를 전하고 있다.

반론도 만만치 않다. 우선 휴대폰 및 스마트폰 분야는 노키아와 모토롤라, 삼성 등 5대 메이저 업체들 간에 치열한 경쟁이 벌어지고 있는 시장으로 후발업체가 판세를 바꾸기는 어렵다고 비관론자들은 주장한다.

또 아이폰은 가격(500~600달러)이 경쟁제품(100~200달러)보다 무려 3배에서 5배나 비싸기 때문에 일반 소비자층을 공략하는 데는 일정한 한계가 있다고 덧붙인다.[7]

이들의 주장을 종합하면 애플의 모바일 시장 패권전략을 읽을 수 있다. 그것은 '우선 아이맥과 아이팟에 열광하는 고급 사용자들을 공략해 교두보를 마련한다. 1차 목표가 달성되면 가격인하 등을 통해 일반 소

6 "Battle for the Soul of the MP3 Phone", 《와이어드》, 2005년 11월.
7 "Apple's iFuture Depends on Partners", 《비즈니스위크》, 2007년 1월 8일자.

비자층까지 전선을 확대해 메이저 업체로 도약한다'로 정리할 수 있다.

이를 위해 애플은 올해 말까지 아이폰 1,000만 대를 판매하겠다는 구체적인 목표를 세웠다. 이는 휴대폰 시장(연간 약 10억 대)의 약 1%에 해당하는 수치다.

5. '1%'보다 더 중요한 것

애플이 내세운 시장점유율 1%에는 어떤 의미가 담겨 있을까? 애플에게 시장점유율 1%는 노키아 등 5대 메이저 업체들이 장악하고 있는 휴대폰 분야에 성공적으로 진입했는지 판단하는 기준이 될 것이다.

이는 IT 관련 업계 종사자들에게도 큰 관심사다. 애플이 어떤 성적을 거두느냐에 따라 이동통신 및 미디어 업계에 지각변동이 불가피하기 때문이다.

단순한 숫자(시장점유율) 이상으로 중요한 것이 있다. 바로 질적인 변화다. 아이폰의 등장은 이동통신 등 모바일 산업에도 엄청난 변화를 예고하고 있다. 그 중심에 서 있는 것이 바로 단말기(휴대폰)다.

최근 개발되는 모바일 단말기의 특징은 크게 다음 두 가지로 정리할 수 있다.

첫째, 터치스크린을 장착한 단말기가 쏟아져 나오고 있다는 점이다. 자판이 달려 있는 휴대폰은 벌써 '옛 제품'으로 전락하는 분위기다. 미국 경제잡지 ≪비즈니스위크≫는 전자제품에 도입되는 터치스크린의 확산이 세계 IT 업계의 흐름을 이끌 최대 이슈가 될 것으로 전망했다.[8]

휴대폰만이 아니다. MP3P와 PMP, 디지털카메라 등 다른 휴대 가전기기에도 터치스크린을 탑재하고 있다. 또 심지어 최근에는 PC에도 터치스크린을 적용한 제품들이 속속 등장했다.

그중에서도 아이폰과 맞붙어야 하는 휴대폰 업체들이 터치스크린 도입에 가장 적극적이다. 복잡한 기능과 디자인에 거부감을 느끼는 소비자들을 공략하기 위해 휴대폰 액정화면 전면에 모든 기능 버튼을 없애고 터치스크린 기능을 적용한 제품을 내놓고 있는 것이다.

아이폰은 등장하기도 전에 벌써 휴대폰의 디자인은 물론 쓰임새까지 바꾸고 있다고 《비즈니스위크》는 분석했다. 실제로 휴대폰 및 스마트폰 업체들이 최근 내놓는 제품을 보면 이러한 변화를 실감할 수 있다.

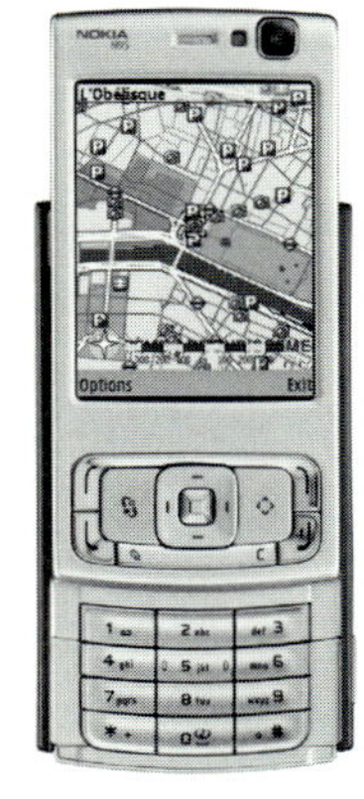

다양한 성능을 갖춘 멀티폰, 노키아 N95

WSJ는 그중에서도 '아이폰 대항마'로 손색이 없는 제품을 자세하게 소개했다.[9] 그 내용을 살펴보면, 우선 노키아가 최근 발표한 제품 'N95'는 MP3P는 물론이고 디지털카메라와 지구위치표시시스템(GPS), 인터넷브라우저 등을 탑재했다. 멀티미디어 데이터를 주고받을 수 있는 스마트폰이다. 성능만 단순 비교하면 아이폰을 능가할 것이라는 평가를 받고 있다.

삼성전자는 스프린트를 통해 뮤직슬림폰 '업스테이지'를 미국에 출시했다. '업스테이지'는 아이폰과 마찬가지로 뮤직폰 기능을 강화한 것이 특징이다. 앞면은 휴대폰으로 사용하고 뒷면은 MP3P로 디자인했으며, 아이폰과 같은 터치키패드 방식을 적용했다. 또 LG전자와 이탈리아 명품

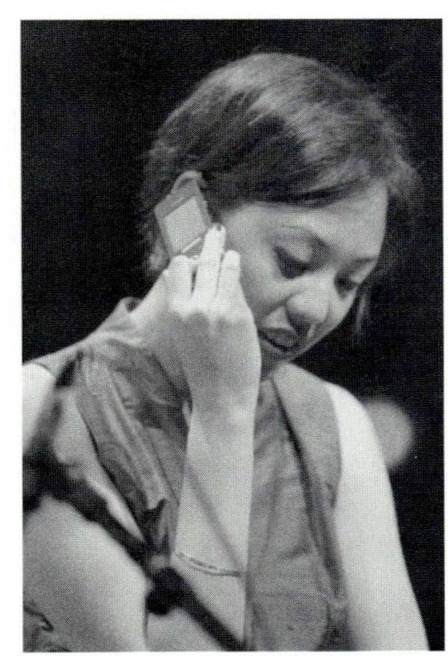

삼성이 미국시장을 겨냥해 개발한 뮤직슬림폰, '업스테이지'

---

8 "Look Ma, No Buttons", 《비즈니스위크》, 2007년 1월 29일자.
9 "Rivals Answer the iPhone", 《월스트리트저널》, 2007년 6월 7일자.

삼성전자 '블랙잭폰'

LG전자 프라다의 공동작품 '프라다폰'

브랜드 프라다가 공동 디자인한 프라다폰은 혁신적인 디자인이나 브랜드 인지도에서 애플에 뒤지지 않는다.

WSJ는 미국 2위의 통신사업자 버라이즌이 LG전자 프라다폰을 미국 시장에 공급하는 방안을 검토 중이라고 보도했다. 버라이즌의 경쟁자인 AT&T가 애플과 아이폰 독점 공급 계약을 한 데 대한 대응책이다.

둘째는 아이폰의 등장이 단말기의 생산 및 유통방식에도 큰 변화를 가져다줄 것이라는 점이다. 이는 애플이 아이팟에 이어 아이폰 등의 새로운 시장에 진입하는 과정을 분석하면 이해하기 쉽다. 애플은 핵심적인 업무, 즉 신제품 설계와 디자인만 자체적으로 수행하고 제조 등은 전적으로 외부 전문업체(아웃소싱)에 맡기고 있다. 애플은 아웃소싱으로 시간 단축과 원가 절감이라는 효과를 톡톡히 보고 있다.

애플은 전자제조서비스(EMS) 업체들이 가장 선호하는 고객 중의 하나다. 애플과 같이 일하는 것만으로 IT 시장의 최신 정보를 접할 수 있기 때문이다. 당연히 차세대 모바일 시장의 '아이콘'으로 떠오르고 있는 아이폰 제조를 위해 전 세계 EMS 업체들이 치열한 경쟁을 벌였다. 애플로부터 최후 낙점을 받은 곳은 어디일까.

가장 먼저 꼽을 수 있는 업체는 타이완의 혼하이(Hon Hai)사다. 폭스콘(Foxconn)이라는 브랜드를 사용하는 혼하이는 최근 아이폰 제조업체로 선정되어 관심을 끌고 있다.

혼하이는 애플 외에도 노키아·소니·휴렛패커드(HP) 등의 IT 제품을 제조하는 서비스 업체다. 한 해 매출액만도 230억 달러(약 23조 원)에 달하며 이 가운데 애플의 비중은 5% 정도다. 혼하이는 여기에다 아이폰 독점 공급권까지 추가해 또 한 차례 도약할 것으로 전망된다.

독일에 있는 휴대폰 부품업체 발다(Balda)와 우리나라의 삼성전자도 각각 승점을 올렸다. 발다는 아이폰의 핵심 부품인 터치스크린을, 삼성은 메모리와 이미지센서, 애플리케이션 프로세서 등을 공급하는 업체로 선정됐다.[10]

애플의 아웃소싱 전략을 강조하는 이유는 그것이 모바일 비즈니스를 송두리째 바꿔놓을 것이기 때문이다. 이는 휴대폰과 스마트폰 기술도 성숙단계에 들어섰다는 것을 의미한다. 설계도만 있으면 타이완 및 중국 업체들도 제조할 수 있는 상품으로 인식되고 있다. 따라서 이들 분야에 진입할 수 있는 기업의 숫자는 기하급수적으로 늘어날 전망이다. 전문가들은 이제 모바일 업계에 남은 것은 "치열한 가격경쟁밖에 없다"고 경고하고 있다.

반대로 이러한 상황은 소비자들에게는 '복음'이다. 다양한 서비스를 저렴한 가격에 이용할 수 있는 '꿈의 모바일 시대'가 활짝 열리고 있다.

---

10 "Apple iPhone: Sweet Ring Tone for Hon Hai", ≪비즈니스위크≫, 2007년 1월 10일자; "The iPhone's German Accent", ≪비즈니스위크≫, 2007년 4월 16일자.

4부 MP3P에서 배우는 교훈

MP3P와 PMP, 휴대폰, 스마트폰, DMB……. 최근 세대교체가 일어나고 있는 모바일(이동) 단말기들이다. 전 세계 IT 업체들이 속속 이들 시장에 몰려오면서 다양한 제품을 쏟아내고 있다.
우리나라 업체들도 예외가 아니다.
특히 우리나라 업체들은 다시 한 번 시장 제패를 노리고 있다.
이들의 꿈이 이루어질 수 있을까? 나는 만나는 사람마다 이 질문을 던졌다.
이에 대한 대답은 낙관과 신중, 비관론의 세 가지였다.

"모바일 단말기 시장은 우리에게 기회의 땅이다. 단순히 단말기를 만들어내는 능력만 비교하면 우리나라 기업들도 이미 세계 정상이다. 여기에 '디자인'이라는 포장만 제대로 할 수 있으면 베스트셀러 제품을 속속 내놓을 수 있다."
(김영세 이노디자인 대표)

"세계의 벽은 여전히 높다. 우리로서는 역부족이다. 기초기술은 물론 마케팅과 CEO의 리더십 등에서 우리나라는 아직 글로벌 기업들의 적수가 못 된다."
(김경태 JME디지털 사장)

"많은 숙제가 남아 있지만 이를 극복할 수 있는 방법도 있다. 그중의 하나로 처음부터 벤처 본고장인 미국 실리콘밸리에 회사를 설립, 글로벌 시장을 공략할 것을 추천하고 싶다. 우리나라에도 우수한 사업(기술) 아이디어는 널려 있다. 여기에 선진 자본과 경영 기법을 접목시키면 의외로 좋은 결과를 만들 수 있다."
(이구형 뉴로스카이 CTO)

위에 인용한 3명은 모두 '글로벌 시장을 누비고 다니는 최고 전문가'라는 공통점이 있다. 그러나 우리나라 IT를 바라보는 시선은 크게 달랐다. 우리는 누구의 의견을 따라야 할까?

이에 답하기에 앞서 우리나라 MP3P 업체들의 사례를 분석할 필요가 있다. 이들이 겪은 시행착오를 통해 얻을 수 있는 교훈과, 모바일 시장에서 우리나라 업체들이 성공할 수 있는 가능성에 대해 생각해보기로 한다.

10
장 |
세계 정상으로 가는 길

1. 잭 웰치의 충고

'부품소재 신뢰성 국제포럼.'

산업자원부(현 지식경제부)가 개최하는 이 행사는 말 그대로 '부품 및 소재' 업계 종사자들을 위한 것이다. 따라서 일반인들은 별다른 관심을 갖지 않는 행사다. 그런데 지난 2006년 12월 워커힐호텔에서 개최된 포럼은 달랐다. 주요 신문 및 방송이 행사의 자세한 내용을 소개하면서 '부품소재 포럼'은 연말 최고의 뉴스메이커로 떠올랐다.

그중에서도 매스컴의 집중적인 조명을 받은 것은 잭 웰치 제너럴일렉트릭(GE) 전 회장(CEO)이다. 그는 화상강연과 토론을 통해 "한국에서 애플의 아이팟과 같은 혁신적 제품이 나온 것을 본 적이 없다"고 혹평했고, 매스컴을 통해 그의 발언이 알려지자 네티즌들이 크게 반발했다.

다음은 당시 상황을 전하는 기사다.

제너럴일렉트릭(GE) 전 최고경영자인 잭 웰치가 "한국에서 애플의 아이팟과 같은 혁신적 제품이 나오는 것을 본 적이 없다"고 말해 한국 네티즌들이 반발하고 있다. 아이팟은 MP3플레이어로, MP3플레이어를 처음 만든 나라가 바로 한국이라는 것이다.

잭 웰치는 15일 산업자원부 주최 '부품소재 신뢰성 국제포럼'에서 화상 강연과 토론을 통해 "이제 단순히 새로운 제품을 빨리 내놓거나 효율성을 높이는 것이 중요한 시대는 지났고, 한국도 혁신을 통해 전체 경쟁력을 키워야 한다"며 "한국에선 아이팟과 같은 혁신 제품이 나온 적이 없다"고 말했다.

이어 "한국은 혁신적 제품을 가져와 새로운 기능을 더하고 비용 효율성을 높일 뿐 새로운 것을 발명하는 것은 많지 않다"며 "이에 비해 미국은 훨씬 더 모험가 정신, 사업가 정신으로 가득 찬 다양한 아이디어가 나오고 있다"고 했다.

이러한 잭 웰치의 발언에 대해 네티즌들은 비유가 잘못됐다는 의견을 쏟아내고 있다. 김선영 씨는 조선닷컴에 올린 댓글에서 "MP3플레이어를 처음 만들어 세상에 내놓은 건 한국 새한정보시스템-엠피맨"이라며 "적어도 애플 아이팟은 한국 제품을 따라한 것"이라고 지적했다.

그는 또 "미국에서는 '리오'라는 브랜드로 나왔기 때문에 한국이 MP3플레이어의 원조인 것을 웰치가 모르는 것 같다"고 덧붙였다.

태균이란 아이디를 쓰는 네티즌은 미디어다음에 "아이팟이 처음 나왔을 때 기능도 용량도 타 품목에 비해 빼어난 것이 없었다"며 "마케팅을 잘 활용해서 하나의 상품을 문화로 탄생시킨 것"이란 의견을 달았다.

실제로 MP3플레이어를 세계 최초로 내놓은 회사는 지금은 레인콤에 흡수당한 엠피맨닷컴(당시 새한정보시스템)이다. 새한정보시스템은 98년 2월 세계 최초로 MP3플레이어(P), 'MP맨'을 내놓았다.

이 제품은 자기 테이프 대신 메모리에 MP3 파일을 담아 가지고 다니며

들을 수 있는 제품이었다. 당시 저장 용량은 32MB 제품이 29만 원, 64MB
는 44만 9000원이었다. 경쟁 제품이었던 CD플레이어나 워크맨의 가격이
아무리 비싸도 20만 원 정도였다. 이러한 상황에서 MP맨은 고가의 혁신
적인 제품이었다.

반면 애플이 내놓은 초기 아이팟은 혁신과는 거리가 있었다. 이미 있는
기능, 누군가 만들어낸 제품의 아류에 불과했다. 그러나 그 후 애플은 아
이팟을 혁신적인 제품으로 만들어갔다.

감각적인 디자인과 마케팅 그리고 아이튠즈 같은 음악 서비스가 아이
팟을 혁신적인 제품으로 만들었다. 또 소비자들이 다양한 형태로 아이팟
을 이용하면서 아이팟은 명품으로 변했다.[1]

비록 소수이기는 하지만 잭 웰치의 주장에 동조하는 사람들도 있었
다. 이들 가운데 'jazzmania'라는 이름을 사용하는 네티즌은 다음 아고
라에 "사실 MP3플레이어는 낮은 단계의 이노베이션"이라고 주장하는
글을 올려 관심을 끌었다.[2]

무엇이 이 같은 해프닝을 낳았을까. 기술혁신에 대한 평가가 사람들
마다 다르다는 데서 그 원인을 찾을 수 있다. 하버드 대학의 클레이튼
M. 크리스텐슨 교수는 기술혁신을 유지형 혁신(sustaining innovation)과
파괴형 혁신(disruptive innovation) 두 가지로 분류하면서 그 차이점을 명
쾌하게 설명하고 있다.

먼저 유지형 혁신은 기존의 기술과 성능을 조금씩 개선하는 방식으

1 "네티즌 '잭 웰치 발언에 분노'", 《조선일보》, 2006년 12월 15일자.
  http://news.chosun.com/site/data/html_dir/2006/12/15/2006121500471.html.
2 http://agorabbs1.media.daum.net/griffin/do/debate/read?bbsId=D115&articleId
  =83764.

로 기술혁신이 일어나는 것을 의미한다. 이러한 분야에서는 기존 기업, 그중에서도 규모가 큰 대기업들이 유리하다. 파괴형 혁신에서는 정반대 현상이 벌어진다. 특히 정보기술(IT) 분야에서는 기존 고객과는 전혀 다른 새로운 고객의 요구를 충족시키는 신제품이 속속 출현하고 있다. 이때 신제품의 성능은 기존 제품보다 못한 경우가 대부분이다. 따라서 기업의 대응방법도 180도 달라져야 한다.

크리스텐슨 교수의 처방은 단호하다. "오늘의 고객을 무시하고 내일의 고객에게 귀를 기울여야 (파괴형 혁신이 일어나고 있는 시장에서) 살아남을 수 있다"는 것이다. 이는 성공가도를 달리고 있는 기업들에게는 비현실적인 주문으로 들린다. 현재 고객들의 요구를 충족시키는 제품을 판매하면 매출 성장과 수익성을 동시에 충족시킬 수 있는데 이를 포기하라는 요구는 현실적으로 받아들이기 어렵기 때문이다.

그러나 역사는 크리스텐슨 교수의 충고에 귀를 기울여야 한다는 것을 보여준다. 예를 들어 시어즈는 매장 브랜드(store brand), 카탈로그·신용카드 판매 등과 같은 유지형 혁신을 통해 가장 강력한 유통업체로 발전했지만 할인점이 들어서면서 시장에서 밀려나게 됐다. 또한 대형(메인) 컴퓨터 시장을 지배했던 IBM도 미니컴퓨터의 출현을 과소평가해 1990년대에 큰 경영위기를 겪었다. 이 사례들은 파괴형 혁신이 시장질서를 어떻게 재편하는지 생생하게 보여준다.

크리스텐슨 교수는 "이 기업들이 실패한 이유는 잘못된 경영 탓이 아니"라고 설명한다. 오히려 고객의 소리를 경청해 고객이 요구하는 성능을 제공할 수 있는 새로운 기술개발에 주력하는 전통적인 방식의 훌륭한 경영을 했기 때문에 실패했다는 것이다. 파괴형 혁신이 진행되는 시장에서는 이러한 경영방식이 적절하지 않다고 크리스텐슨 교수는 지적한다. 오히려 고객의 소리를 듣지 않고, 이윤도 적은 틈새시장을 개척하는 것이 바람직하다고 제시한다.

크리스텐슨 교수는 1997년 이런 주장을 담은 책(『The Innovator's Dilemma』)을 펴내 베스트셀러 작가가 됐다. 이 책은 2년 뒤 국내에도 소개되어(『성공기업의 딜레마』) 큰 관심을 끌었다. 이 책은 우리나라 디지털 비즈니스의 가능성과 한계를 이해하는 데 도움이 된다.

번역자인 서강대 노부호 교수는 기술혁신이 활발하게 일어나지 않는 데서 우리나라 경제의 문제점을 찾고 있다. 노 교수는 특히 파괴형 기술을 중심으로 혁신이 활발하게 일어나기 위해서는 좀 더 개방적이고 적극적인 기업문화가 만들어져야 한다고 주장한다.

그러나 현실은 이와 크게 다르다. 우리나라 기업경영의 가장 큰 문제점은 아랫사람의 아이디어를 받아들이고 시도하게 하는 자율성이 부족하다는 것이다. 이에 따라 조금만 노력하면 개발할 수 있는 기술도 그것을 도입하고 문제점을 파악하고 개선시키려는 의지를 찾아보기 어렵다.

또 단기 업적 중심으로 책임을 묻는 상황에서 대기업 임원들은 실패가 두려워 새로운 시도를 하지 않는 데다가, 실패를 해도 이를 은폐하기 때문에 실패로부터 배우지 못하고 있다. 상황이 이렇기 때문에 새로운 제품을 개발하지 못하고 해외 주재원은 아무리 뛰어다녀도 팔 물건이 없는 것이라고, 노부호 교수는 진단한다.

그렇다면 벤처기업이 그 대안이 될 수 있을까? MP3P 업체들은 이를 평가할 수 있는 다양한 사례를 제공하고 있다. 이를 위해 다음 질문에 답해보자. 바로 '우리나라 MP3P 업체들이 파괴형 기술혁신을 성공시킬 수 있는 능력을 갖췄느냐' 하는 점이다. 더 구체적으로 기술과 마케팅, 그리고 CEO의 리더십 등에서 우리나라 MP3P 업체들의 능력이 어느 정도 수준에 와 있는지 검토해보자.

2. 원천기술 없는 특허는 '종이쪽지'에 불과

이 책에서 다루는 주제는 기술 비즈니스다. 새로운 기술의 씨앗이 어떻게 싹을 틔워 산업을 만들고, 시장이 성숙하면서 누가 최후의 승자가 되는지 분석하는 것이다. 따라서 '신기술'의 중요성은 아무리 강조해도 지나치지 않다.

MP3P를 공동 개발한 회사는 디지털캐스트와 새한정보시스템(엠피맨닷컴)이라는 것을 앞에서도 소개했다. 이들은 한국(2001년)과 미국(2003년)에서 각각 특허를 등록했다.

그러나 곧 특허의 효력을 둘러싸고 분쟁이 발생했다. 이들이 취득한 특허(등록번호 0287366: MPEG 방식을 이용한 휴대용 음향 재생 장치 및 방법)의 내용이 불분명하다며 경쟁업체들이 강력하게 반발하고 나선 것이다.

이에 따라 엠피맨닷컴은 2001년 우리나라에서 특허 등록과 동시에 경쟁업체들과 '특허행사금지 소송'을 벌이는 등 분쟁에 휘말렸고, 그 결과 특허는 사실상 무력화됐다.

엠피맨닷컴 대표를 지낸 김경태 JME디지털 사장은 "특허는 벤처기업이 배타적으로 시장을 확보할 수 있는 거의 유일한 무기인데 이를 행사할 수 없다면 (벤처기업은) 설 땅이 없다"고 목소리를 높였다. "그 후 MP3P 업체들이 난립, 과당경쟁을 벌인 끝에 공멸할 수밖에 없었다"고 김 사장은 주장했다.

그는 특허가 무력화된 것을 '나쁜 씨앗'에 비유했다. 그로 인해 우리나라 MP3P 시장에서 공정한 경쟁의 법칙이 사라졌고, 결과적으로 MP3P 업계가 모두 어려움을 겪게 됐다는 설명이다.

이 문제에 대해서는 반대 진영에 섰던 경영자들도 할 말이 많다.

MP3P 업체들의 모임인 한국포터블오디오협회(KPAC)를 결성해 6년간(2001~2006년) 회장을 맡았던 우중구 엠피아이오 사장은 "특허가 너무 포괄적이기 때문에 문제가 된 것"이라고 반박했다. "'기존 기술을 활용해 이동 중에도 사용할 수 있는 MP3P를 만들었다'는 것이 특허의 전부"였다는 주장이다.

이처럼 양측의 주장은 지금도 크게 엇갈린다. 따라서 당시 이들이 타협할 수 있는 여지는 없었던 것이 분명하다. 마침내 산업자원부 담당 부서가 중재에 나섰다. 2002년 초에 열린 3자간 협상에서 KPAC 회원사들은 MP3P 한 대를 생산할 때마다 엠피맨닷컴에 25센트를 지불하기로 합의했다.

그러나 이는 사후 약방문이나 마찬가지였다. 엠피맨닷컴은 이미 누적된 적자로 심각한 경영난을 겪고 있었기 때문이다. 그 후 엠피맨닷컴은 부도를 냈고, 2004년 레인콤에 인수 합병(M&A)됨으로써 역사에서 사라졌다.

엠피맨닷컴의 실패는 원천기술이 없는 특허는 '종이쪽지'에 불과하다는 것을 일깨워주는 사례라고 할 수 있다. 김경태 JME디지털 사장은 "응용기술을 개발해 취득한 특허 1개로 후발주자들의 시장진입을 막는 것은 역부족이었다"고 털어놓았다.

신기술 비즈니스에서 특허만큼 중요한 무기는 없다. 지금 시장을 장악하고 있는 업체도 언제 어디에서 특허공격을 받아 무너질지 모르기 때문이다.

실제로 AT&T 벨 연구소를 인수한 루슨트테크놀로지는 MS의 윈도우가 자사의 MP3 특허를 무단 사용하고 있다며 무려 15억 달러의 배상을 요구해 화제가 되기도 했다.

이처럼 최근 전 세계적으로 MP3P 시장이 확대되면서 특허분쟁도 늘어나고 있다. MP3P의 기본이 되는 원천특허를 보유한 기관보다 응용기술로 취득한 특허로 더 많은 수입을 올리는 '특허 사냥꾼'들도 속속 나타나고 있다.

가장 먼저 MP3를 연구한 곳은 독일 프라운호퍼 연구소다. 독일 엘랑겐 대학 다이터 사이처 교수와 그의 제자인 프라운호퍼 연구소의 칼하인츠 브란덴부르그 박사가 1970년대부터 오디오 압축 기술을 연구한 것이 MP3 표준으로 채택되면서 결실을 맺게 됐다(MP3P는 이 기술을 응용해 만들어졌다고 할 수 있다).

이들에게 연구비를 지원한 곳은 프랑스의 톰슨멀티미디어다. 이에 따라 MP3 기술을 사용하는 기업은 모두 톰슨멀티미디어에 특허 사용료를 내야 한다. 톰슨은 2001년부터 '인코더 1개당 5달러, MP3 사용으로 창출되는 수익의 1%'를 특허 사용료로 거둬들이고 있다.

이보다 더 높은 수준의 특허 사용료를 요구하는 '특허 사냥꾼'들도 활개를 치고 있다. 그 대표적인 회사로 이탈리아의 시스벨과 미국 오디오앰펙을 들 수 있다.

두 회사가 보유하고 있는 특허는 모두 주변기술에 관한 것이다. 이들은 비슷비슷한 기술 수십 건을 특허로 등록해놓고 높은 수준의 사용료를 요구하고 있다. 실제로 이들은 MP3P 업체들에게 '10만 대까지 MP3P는 1대당 2달러, 셋톱박스는 10달러'를 각각 특허사용료로 징수하는 것으로 알려졌다.

이러한 특허 사냥꾼에게 걸리면 MP3P 업체들은 수익의 상당 부분을 헌납하는 수밖에 없다. 무엇보다도 특허 분쟁이 발생하면 해당 국가 세관에서 통관을 해주지 않기 때문에 수출이 크게 위축된다고 한다.

이밖에 주요 기업별 특허출원 현황을 살펴보는 것도 MP3P 기술이 어떻게 발전해왔는지 이해하는 데 도움이 된다.

한국특허정보원이 미국에 출원한 특허(1979~2004년)를 분석한 보고서에 따르면 업종별로는 통신 및 미디어 기업들이, 국적별로는 미국과 일본, 그리고 유럽연합(EU)에 본사가 있는 기업들이 각각 MP3(P) 관련 기술 연구를 가장 활발하게 수행한 것으로 나타났다.

구체적으로 살펴보면 일본 소니가 총 65건을 출원해 1위(10.6%)를 차지했다. 이어 필립스(36건), 루슨트(17건), AT&T(14건), 삼성과 돌비(각 12건) 등의 순으로 나타났다.[3]

마지막으로 MP3(P) 기술 발전에 우리나라 업체들은 얼마나 크게 기여했을까? 그리고 그 결과는 어떻게 나타나고 있는지 살펴보자.

앞의 질문에 대해서는 두 가지로 정리할 수 있다. 원천기술 연구에는 우리나라 MP3P 업체들이 크게 기여하지 못했다. 그러나 응용기술 개발과 이를 보급시키는 데에는 결정적인 역할을 했다.

그 연장선상에서 두 번째 질문에 대해서도 다음과 같이 대답할 수 있다. 응용 기술만으로는 시장을 지키는 데 역부족이었다. 무엇보다도 후발주자들의 시장 진입을 막을 수 없었다. 결국 애플은 MP3P 시장에 무혈 입성하는 데 성공했고, 우리나라 업체들은 '도우미'로 전락했다.

---

3 한국특허정보원, "MP3P 특허동향", 2005년 12월 8일.

신제품의 생명은 새로운 기능을 제공하는 데 있다. 즉, 기존 제품에서 찾을 수 없는 '참신한 기능'을 제공하느냐에 따라 신제품으로서의 가치가 결정된다. 신제품의 성패를 결정하는 것은 '조기수용자(얼리어댑터)'라고 부르는 소비자들이다. 이 단계에서 디자인이나 가격은 아직 중요한 고려 대상이 아니다.

신제품의 도입기가 지나고 일반인들을 대상으로 하는 시장이 형성되면 상황은 180도 달라진다. 단순히 '기능'보다는 디자인과 사용의 편이성, 부가가치 등이 더 중요해진다. 이에 따라 MP3P 업체들의 부침이 이어지고 있다.

새한정보시스템과 디지털웨이, 엠피아이오 등 우리나라 업체들이 MP3P 시장을 주도할 수 있었던 것은 바로 '차별화된 기능' 때문이었다.

MP3P가 등장하기 전에는 자기테이프나 CD 등으로 음악을 감상했는데, 이는 이동하면서 듣기에는 여러 가지로 불편했다. 이러한 문제를 해결한 재생기(MP3P)가 관심의 대상이 되고, 그 주역인 우리나라 MP3P 업체들이 전 세계 시장을 휩쓴 것은 당연한 결과다. 실제로 새한정보시스템이 1998년 3월 독일 세빗 전시회에서 발표한 'MP맨'은 새로운 기술 제품에 열광하는 마니아들 사이에서 큰 인기를 끌었다.

그 열기를 미국 시장에 상륙시킨 것은 재미교포 이종문 회장이 설립한 다이아몬드멀티미디어였다. 이 회사는 디지털캐스트를 인수 합병하는 방법으로 MP3P 시장에 진출, 단숨에 미국 시장을 석권했다.

다이아몬드가 1998년 내놓은 MP3P '리오'는 1년 만에 약 50만 대가 팔렸는데, 이는 미국 시장의 약 90%에 해당하는 수치다. 다이아몬드도 개척자로서의 시장선점 효과를 톡톡히 누린 것이다. 그러나 이들의 인기는 오래가지 못했다. 후발주자로 등장한 레인콤의 '아이리버'와 애플의 '아이팟'이 차례로 MP3P 시장을 접수한 것이다.

무엇이 이들의 운명을 갈라놓았을까? 이에 대해서는 다양한 이유를 찾을 수 있다. 전문가들은 그중에서도 '디자인과 사용의 편이성, 부가가치' 등을 공통적으로 지적한다.

디자인의 위력을 보여준 것은 레인콤의 아이리버다. 레인콤은 'MP3P=사각형'이라는 고정관념을 깨고 삼각형 모양의 아이리버를 선보였다. 소비자들이 보인 반응은 가히 폭발적이었다. 2002년 9월 베스트바이에 전시되기 시작한 아이리버는 2년 만에 미국 시장의 22%를 차지하는 성과를 올렸다. 플래시메모리 시장에서는 단연 1위였다.

그러나 아이리버의 성공도 아이팟과 비교하면 초라해진다. 아이팟이 단숨에 시장을 장악할 수 있었던 힘은 어디에서 비롯되었을까? 이에 대해 전문가들은 '사용의 편이성'과 '부가가치'를 꼽고 있다. 디자인이 주로 제품의 겉모습을 지칭하는 것이라면, 사용의 편이성은 제품의 내부 설계와 작동 등 사용자 인터페이스(UI)를 포함하는 개념이다.

이에 대해 이구형 뉴로스카이 CTO는 "무엇보다 아이팟은 사용하기 쉬운데, 이는 애플이 하드웨어와 소프트웨어, 그리고 콘텐츠 기술을 모두 가지고 있기 때문에 가능하다"고 설명했다.

소비자들이 아이팟에 빠져드는 또 하나의 매력으로 풍부한 콘텐츠를 들 수 있다. 그 덕분에 아이팟은 음악은 물론 영화와 방송까지 들을 수 있는 단말기로 인기가 치솟고 있다. 단순히 음악을 재생하던 단말기에 새로운 생명을 불어넣은 것이다.

박병근 다이시스 차장은 아이팟의 열성팬이다. 그가 운영하는 블로그를 찾으면 아이팟과 아이튠즈, 팟캐스팅이 어떻게 결합해 상승작용을 일으키는지 다양하게 분석한 글을 만날 수 있다. 그 가운데 'MP3P의 살 길'이라는 글의 일부를 소개한다.

아이팟 터치로 무선 인터넷 넷스팟을 이용할 수 있다.

내가 개인적으로 아이튠즈를 높이 평가하는 이유는 시장의 크기를 넓혔다는 점이다. 아이튠즈에 접속하면 어떤 느낌이 드는가?

적어도 나는 '아니, 이렇게 다양한 콘텐츠를 어떻게 아이팟(iPod)에서 모두 즐길 수 있단 말인가?'였다.

그때부터 사용자들은 아이팟(iPod)이 MP3P인지, PMP인지 신경을 쓰지 않는다. 아이팟(iPod) 단말기를 사면 덤으로 따라오는 서비스(아이튠즈)를 사용해본 사용자들은 바로 그 지점에서 아이팟의 또 다른 가치(Value)를 경험하기 때문이다. 아이튠즈에는 공짜로 사용할 수 있는 콘텐츠가 믿기 어려울 정도로 많다.

물론 아이튠즈를 운영하는 목적은 음악을 팔기 위한 것이다. 그러나 사용자들에게 그것은 중요한 요소가 아니다. 아이튠즈를 찾으면 전혀 예상하지 못했던 새로운 경험을 할 수 있다는 사실이 중요하다. 이에 사용자들이 열광하는 것이다.[4]

후발주자인 애플이 MP3P 시장을 장악할 수 있었던 것은 이러한 비장의 무기가 있었기 때문이다.

그렇다면 우리나라 MP3P 업체들의 경쟁력은 어느 정도일까?

---

4 블로그 킬크로그 'MP3P의 살 길'(http://cusee.net/257).

이에 대해 전문가들은 아직 2단계에 머물고 있다고 평가한다. 즉, 우리나라 MP3P 업체들은 다양한 기능과 디자인에서는 최고의 경쟁력을 유지하고 있지만, 사용의 편이성이나 부가가치 수준을 비교하면 애플로 대표되는 글로벌 기업들에 비해 뒤진다고 입을 모은다.

이러한 문제와 관련해 미국 인개지트닷컴과 우리나라 에이빙닷넷이 홍미로운 사례를 소개하고 있다. 바로 레인콤이 한류의 주인공인 배용준의 사진과 노래를 삽입한 MP3P(아이리버)를 제작해 일본에 선보이면서 40대 여성들을 대상으로 2시간 동안 MP3P 사용법을 가르치는 강습회를 개최한 것이 도마에 오른 것이다.

이에 대해 인개지트닷컴이 아이리버를 사용하는 것이 얼마나 복잡하면 '무려 2시간 동안이나 배워야 하느냐'고 꼬집었고, 에이빙닷넷이 그 내용을 번역해 국내에 전했다.

남녀노소 누구나 쉽게 사용할 수 있는 아이팟 문화에 익숙한 기자들에게 이러한 강습은 이해할 수 없는 행사로 보였던 것이 틀림없다.[5]

4. CEO 리더십: 국내 경영자들에게 2% 부족한 것은?

벤처캐피털리스트들이 투자할 때 가장 중요하게 평가하는 것은 CEO의 자질이다. 이 기준을 통과한 기업만 비로소 핵심 인력과 기술력을 심

---

[5] "iRiver to hold Bae Yong Joon U10 training classes", 인개지트닷컴, 2005년 11월 3일. http://www.engadget.com/2005/11/03/iriver-to-hold-bae-yong-joon-u10-training-classes/#comments.

사받을 수 있는 기회가 주어진다. 그 이유는 분명하다. 유능한 CEO는 필요한 기술 및 핵심 인력을 확보할 수 있다고 믿기 때문이다.

한 치 앞도 내다볼 수 없는 모바일미디어 분야에서 CEO의 중요성은 아무리 강조해도 지나치지 않다. MP3P의 역사가 이를 입증하고 있다.

한때 세계 시장을 좌지우지했지만 지금은 스티브 잡스에게 대패해 점차 역사의 무대에서 사라지고 있는 우리나라의 CEO들. 이들에게 부족한 2%는 무엇일까? 이에 앞서 우리나라 CEO들이 넘어야 할 '큰 산'인 스티브 잡스 애플 CEO가 어떤 인물인지 살펴보자.

스티브 잡스가 1979년 애플을 설립해 PC의 시대를 연 것은 모두 다 아는 사실이다. 그 후 그는 하드웨어는 물론 소프트웨어, 콘텐츠 비즈니스까지 두루 섭렵했다.

이러한 경험은 '디지털 전쟁의 사령탑'으로서 최고의 무기라고 할 수 있다. 무엇보다도 아이팟의 성공이 이를 입증한다. 그 이유는 크게 네 가지로 설명할 수 있다.

우선 꼽을 수 있는 것은 스티브 잡스의 '타고난' 디자인 감각이다. 이는 애플에서 일했던 동료(OB)들도 모두 인정하고 있다. 디자인 회사 애뮤니션을 운영하고 있는 로버트 브루너 사장은 "아이팟의 성공은 스티브 잡스가 애플에 있었기 때문에 가능했다"고 잘라 말했다.

스티브 잡스가 복귀하기 전에 애플에서 디자인 업무를 총괄했던 브루너 사장은 또 "단순미의 전형을 보여주고 있는 아이팟의 디자인은 전적으로 잡스의 직관에 의한 것"이라고 분석했다. 그는 "수많은 IT 업체들이 이를 흉내 내지만 성공하지 못하는 이유도 바로 여기에 있다"고 덧붙였다.[6]

둘째로는 최고의 인재풀을 구성하는 능력이다. IT의 역사를 바꾼 개발자들이 갈망하는 것은 자신의 능력을 인정해주는 경영자를 만나는 것이다. 스티브 잡스는 이들에게 '교주'와도 같다.

스티브 잡스는 2001년 모바일 음악 플레이어(MP3P) 시장에 진출하기로 하고 그 책임을 존 루빈스타인 부사장에게 맡겼다. 루빈스타인 부사장은 잡스와 오랫동안 호흡을 맞췄던 하드웨어 개발자. 루빈스타인은 다시 토니 파델을 스카웃했다.

토니 파델은 제너럴매직과 필립스 등에서 다양한 모바일 제품을 개발한 경험이 있었다. 파델은 MP3P가 뜰 것이라는 것을 간파하고 독립 개발자로 나섰지만 그의 깊은 뜻을 이해하는 투자자를 찾지 못했다. '거리의 개발자'로 방황하던 파델은 루빈스타인 부사장을 만나면서 드디어 자신의 뜻을 펼칠 수 있는 기회를 갖게 됐다.

이어 MP3P의 핵심인 인쇄회로기판(PCB)을 개발해 공급하는 포털플레이어와 소프트웨어 회사 픽소도 모두 애플의 우산 아래 모여들었다. 이들은 모두 관련 분야에서 최고 전문가 집단이었다. 더욱 중요한 것은 이들이 모두 IBM과 삼성 등 고객회사들과 거래관계를 청산하고 당시로서는 실체도 없던 '애플 프로젝트'에 도박을 걸었다는 점이다.

셋째로 낮은 시장점유율도 강력한 무기로 활용할 수 있는 순발력이다. 음반업계는 IT가 자신들의 존립 기반을 위협하는 존재라고 여겼다. 두 업계 사이에는 당연히 높은 불신의 벽이 존재했다.

음반 업계가 애플에게 호감을 가진 이유 중에는 뜻밖에도 '낮은 시장점유율'도 한몫한 것으로 알려졌다. 미국음반협회 전 회장 힐러리 로젠

---

6 "Even After Apple, Designers Dig Jobs", 《비즈니스위크》, 2007년 6월 27일자.

은 "애플은 시장점유율이 미미했는데(약 5%), 이 정도 점유율이면 음반 판매에 큰 영향을 미치지 못할 것으로 판단했다"고 밝혔다. 이에 따라 "음반업체들은 안심하고 인터넷에서 음악을 판매하는 파트너로 애플을 낙점했다"고 설명했다.[7]

그리고 마지막으로 상대방의 약점을 파고드는 협상 전략을 들 수 있다. 이는 미국 최대 이동통신 업체인 싱귤러의 스탠 시그먼 CEO와 담판하는 과정에서 잘 드러난다.

단말기 업체들은 이동통신 업체들과 협상할 때 절대적으로 약자('을')의 신세였다. 이동통신 업체들의 무기는 수천만에 달하는 가입자들이었다. 이들을 볼모로 내세워 이동통신 업체들은 일방적으로 자신들에게 유리한 조건을 관철시켰다.

애플과의 협상에서는 정반대 현상이 벌어졌다. 스티브 잡스는 스탠 시그먼 싱귤러 CEO에게 "이동통신회사들의 음성통화 매출은 감소하고 있다"며 약점을 부각시킨 뒤, "이 문제를 해결하려면 애플과 손을 잡아야 한다"고 분위기를 띄웠다.

스티브 잡스는 이번에도 자신의 뜻을 관철시켰다. 이 같은 반전을 가능하게 만든 힘이 어디에서 나왔을까. 이에 대해 WSJ는 싱귤러 직원의 말을 인용, "스티브 잡스의 현란한 말솜씨에 우리 협상 팀이 놀아났다"고 평가했다. 싱귤러와의 제휴는 스티브 잡스의 협상능력을 보여주는 모범사례로 기록되고 있다.

한마디로 스티브 잡스는 IT의 역사에서 최고의 기량을 갖춘 '명감독'

7 윌리엄 사이먼, 『iCon 스티브 잡스』, 367~369쪽.

임에 틀림없다. 이에 맞서는 우리나라 CEO들은 아직 아무것도 검증되지 않은 신인이라고 할 수 있다. 의욕은 넘치지만 글로벌 시장에서 1등으로 뛰어본 경험은 사실상 MP3P가 처음이다.

이들이 세계 시장을 넘본 것이 처음부터 잘못된 목표였던 것일까? 그럴 가능성은 충분하다. 설령 그렇다고 하더라도, 또 그 결과 우리나라 MP3P 업체들이 애플에게 무너지기는 했지만 끝까지 최선을 다해 싸운 것만은 높이 평가해야 할 것이다.

실제로 ≪전자신문≫은 최근 '레인콤을 위한 변명'이라는 칼럼을 게재해 관심을 끌었다. 기자는 이 칼럼에서 "애플의 저가 공세에 맥없이 왕좌를 내줬지만 이를 두고 '레인콤이 못했다'고 비난하는 사람은 많지 않다. 오히려 '애플이 너무 잘해버렸다'는 게 대체적인 평"이라며 위로했다.[8]

그렇다고 해서 아쉬움이 없을 수는 없다.

먼저 애플이 2005년 1월 선보인 '아이팟 나노'와 '셔플'의 파괴력을 우리나라 업체들이 눈치 채지 못했다는 점이다. 당시 레인콤 양덕준 사장은 "플래시메모리 시장은 우리의 안방"이라며, "애플과 경쟁해도 자신 있다"고 장담했다.

더 중요한 것은 그 후 레인콤이 자신만의 색깔을 잃어버렸다는 점이다. 양덕준 사장은 최근 "자신도 모르게 '애플 따라하기'를 해왔다"고 털어놓은 바 있다.

---

8 "레인콤을 위한 변명", ≪전자신문≫, 2006년 12월 15일자.

11장 | 벤처기업 발목 잡는 경영환경

MP3P 업체들의 성공을 가로막는 벽은 기업 내부에만 있는 것이 아니다. 열악한 외부 환경도 이들의 발목을 잡고 있다. 투자자금을 구하기 어렵다는 것은 일반 국민들도 잘 아는 사실이다.

새로운 기술(MP3P)에 인생을 걸었던 벤처기업 경영자들을 더 좌절하게 만드는 것은 불공정 경쟁이다. 이들은 특히 "저작권(특허)이 보호되지 않는 현실을 확인하고 눈앞이 캄캄했다"고 털어놓았다. 이러한 환경에서는 "애초에 공정한 경쟁이 이루어질 수 없다"고 주장했다.

이는 정보와 지식에 대해 정당한 대가를 지불하지 않는 '공짜 문화'가 광범위하게 퍼져 있는 것과 밀접한 관련이 있다고 전문가들은 분석한다. 따라서 이러한 근본적인 문제부터 해결하지 않으면 MP3P는 물론 앞으로 IT의 발전도 기대할 수 없다는 설명이다.

이밖에도 시장조사와 전시회 등 해당 분야의 전문 인력이 크게 부족한 것도 우리나라에서 벤처기업들이 독자적으로 해결하기 어려운 구조적 문제로 꼽혔다.

우리나라 벤처기업들의 발목을 잡고 있는 경영환경을 정리한다.

MP3P 업체 경영자들은 "우선적으로 재산권(특허) 보호가 미흡한 데다 (대기업과도) 공정하게 경쟁하지 못하는 것이 중소기업 발전을 막는 두 가지 큰 걸림돌"이라고 목소리를 높였다. 중소기업과 상생협력을 다짐하는 대기업의 약속은 대부분 '공수표'에 불과하다는 것. 이들의 설명을 들어보면 우리나라 경제의 구조적인 모순을 이해하게 된다.

먼저 특허보호 문제부터 생각해보자. 새한정보시스템이 2001년 MP3P 특허를 취득, 권리를 행사하겠다고 하자 MP3P 업체들이 집단적으로 반발했다는 것은 앞 장에서 이미 소개했다.

이를 해결하기 위해 정부(산업자원부)가 개입했다. 명분은 좋았다. 새로운 황금어장을 앞에 두고 우리나라 업체들끼리 싸우는 것을 막겠다는 것. 실제로 MP3P 업체들의 이익단체인 케이팩(KPAC) 회장을 맡고 있던 엠피아이오 우중구 사장을 비롯해 거원(코원), 바롬테크, 에이맥정보통신, 현원 등 사용자 업체 대표 5명과 새한 측 관계자, 그리고 산업자원부 담당 과장이 만났다. 이들은 특허 사용료를 25센트로 합의했다. 엠피맨이 특허를 취득한 후 1년 6개월이 지난 2002년 7월 29일의 일이었다.

당시 협상에 참여했던 A사장은 "그 후 실제로 로열티를 지불한 회사는 엠피아이오와 현원, 거원뿐"이고 "나머지는 로열티를 지불하지 않고 버텼다"고 밝혔다. 분쟁의 소용돌이 속에서 엠피맨은 극도의 경영난을 겪었다. 누적된 개발비와 광고비, 변호사 비용을 감당할 수 없었기 때문이다.

2004년 레인콤은 서류상의 회사(페이퍼컴퍼니)로 전락한 엠피맨을 인수했다. 인수금액은 '20억 원+α'. 레인콤은 왜 거금을 들여서 엠피맨을 인수했을까?

이에 대해 업계 관계자들은 "단순히 상장요건(특허)에 맞추기 위해서"라고 대답한다. 특허에 문제가 있으면 상장하기 어려우므로 이를 해소하기 위해 엠피맨닷컴을 인수했다는 분석이다.

레인콤은 2005년 특허권을 다시 미국 시그마텔로 양도했다. 시그마텔은 칩 회사다. 시장에서 배타적인 가격 경쟁력을 가지려면 특허 확보는 필수다.

따라서 두 회사는 이해가 맞아 떨어졌다. 레인콤은 잠자는 특허를 처분해 수익을 올리고, 시그마텔도 제품의 부가가치를 높일 수 있는 거래를 한 것이다.

그러나 MP3P 업계는 이 거래에 대해 실망감을 감추지 못하고 있다. 이를 계기로 우리나라 업체들은 특허 수입은 고사하고 외국에 특허사용료를 고스란히 물어줘야 할 신세가 됐다. "'MP3P 종주국'이라는 말이 무색해졌다"고 이들은 애석해 한다.[9]

왜 이러한 일이 벌어지고 있을까? 그 이유는 간단하다. 우리나라에서는 저작권 보호활동이 미흡하기 때문이다. "특허를 제대로 심사하고 그 권리를 철저하게 보호해준다면 이러한 일은 절대로 일어날 수 없을 것"이라고 김경태 JME디지털 사장은 강조했다.

---

[9] 엄밀한 의미에서 특허료 수입이 없어진 것은 아니다. 레인콤은 시그마텔이 거둬들이는 수입의 50%를 받기로 했다.

문제가 심각한 것은 특허(저작권) 보호에 대한 불만이 중소기업계에 광범위하게 퍼져 있다는 점이다.

이를 피해 아예 회사를 미국에 설립하는 사례도 나타나고 있다. 사람의 신경 신호를 인식하는 칩을 개발해 최근 미국에서 큰 관심을 끌고 있는 뉴로스카이도 그중 하나다. 이 칩을 사용하면 사람의 주의·집중력을 높일 수 있다. 이구형 뉴로스카이 CTO는 "이 칩을 게임기와 휴대폰 등에 탑재하면 환자들의 재활치료도 할 수 있다"고 설명한다.

눈여겨볼 것은 이 기술의 기초연구와 응용제품 개발이 대부분 우리나라에서 행해졌다는 점이다. 그러나 회사는 미국에 설립되었다.

이 회사가 미국행을 선택한 이유는 무엇일까? "지적재산권(특허권) 보호 때문"이다. 이구형 CTO는 "미국만큼 특허를 확실하게 보장해주는 국가가 없다"고 설명했다. 미국 회사 자격으로 특허를 등록하면 전 세계 시장에서 배타적으로 물건을 팔 수 있다고 그는 덧붙였다.

이 회사는 독창적인 기술력과 시장성을 인정받아 최근 미국 벤처캐피털 회사로부터 1, 2차 투자를 차례로 유치했다. 또 미국과 일본, 중국 게임업체들에게서 칩 공급을 선주문받는 등 관심을 끌고 있다.

이는 첨단 기술 비즈니스를 꽃 피우려면 무엇보다 지적재산권(특허) 보호가 중요하다는 것을 생생하게 보여주는 사례다. 김호기 KAIST 교수(신소재공학과)는 (당연한 권리를 보호해주지 않아서 생긴 부작용의 대표적인 사례로) 최근 수십 개 업체가 난립해 있는 스팀 청소기 시장을 꼽고 있다. 중복투자로 인한 자원낭비. 이는 지적재산권을 보호해주지 못하는 사회가 반드시 치러야 하는 기회비용이다.

2004년 11월, KPAC은 다시 뉴스의 초점이 됐다. TV 기자회견을 자청한 것이다. 삼성전자가 애플에 플래시메모리를 공급하면서 가격을 30%

나 깎아주는 것을 규탄하기 위한 행사였다.

이는 매스컴에서도 자세하게 소개됐다. 이를 주도했던 B사장은 "대한민국의 OEM 비즈니스는 그것으로 끝이라고 생각했다"며 당시의 긴박했던 상황을 설명했다.

삼성이 애플에게만 플래시메모리 가격을 깎아주면 국내 업체들은 중국은 물론 애플과도 가격경쟁에서 밀릴 것이 분명했다. 이들의 우려는 현실로 나타났다. 애플이 그 이듬해 내놓은 아이팟 셔플의 가격은 9만 원대(99달러)로, 우리나라 업체들이 해외 수출은 물론 국내에 판매하는 동급제품보다 낮았다.

그 결과는 독자들도 잘 아는 대로다. 국내 MP3P 업계는 애플의 (플래시메모리) 시장 진출과 동시에 거의 붕괴됐다고 할 수 있다.

이러한 상황에서 우리나라 정부는 어떤 조처를 취했을까? B사장의 설명을 직접 들어보자.

"공정거래위원장도 처음에는 조사하겠다면서 강경하게 나왔다. 그런데 이해할 수 없는 것은 왜 우리를 불러 물어보느냐는 것이다. 삼성 관계자를 불러 조사하면 불공정경쟁 여부를 바로 알 수 있을 텐데……." 이 부분에서 그는 "항복했다"고 한다. 그러고는 공정거래위원회에 출석해 "(삼성의) 불공정 경쟁은 없었다"고 마음에도 없는 진술을 했다.

이는 우리나라에서 대기업의 힘이 얼마나 큰지 보여주는 하나의 사례다. "삼성과 맞서는 것이 소용없다는 것을 사업을 하면서 깨달았다"고 B사장은 덧붙였다. 또 중소기업 경영자로서 "지금도 당시 상황을 공개적으로 말하지 못하는 사정을 이해해달라"며 익명표기를 요구했다.

정부가 이러한 상황을 눈감아주면서 대기업과 중소기업의 상생협력을 외치는 것이 과연 효과가 있을까?

"한국은 통신망의 규모와 시설만 앞서 있을 뿐, 그곳에 실을 콘텐츠가 없다. 콘텐츠 없이 망을 통해 창출할 수 있는 부가가치는 수년 내에 한계에 이를 것이다. 더욱이 저작권의 중요성과 콘텐츠의 가치를 알아주는 소비자들이 없으니, 일본이 한국 수준의 IT 기반시설을 확충하고 나아가 유료 콘텐츠 산업으로 한국을 앞지르는 것은 시간문제다."

일본 소니의 한 임원이 2004년 중반 신원수 서울음반 사장에게 들려준 이야기다. 당시 신 사장은 SKT가 신설한 뮤직사업부 팀장을 맡고 있었다. 이에 앞서 SKT는 2003년 차세대 유망사업으로 음악을 선정하고 신 사장을 책임자로 임명했다.

당시만 해도 인터넷에서 공짜로 음악을 듣는 것을 당연하게 여겼다. 우선 음악이 어떻게 유통되고 있는지 자세한 내용을 파악하는 것이 급했다. 신 사장은 '음악시장 보고서'를 만드는 작업부터 시작했다. 이를 위해 국내외 음반회사 관계자들부터 만나 다양한 의견을 청취했다. 소니 임원이 우리나라 IT의 아킬레스건에 대해 언급한 것도 이 과정에서 나왔다.[10]

소니 임원의 진단은 정확했다. 그는 이미 신 사장의 고민을 꿰뚫고 있었다. 그러나 신 사장이 누군가? 그는 SKT에서 2002년 세계 최초로 통화연결음(컬러링) 서비스, 영상과 음악파일을 제공하는 멀티미디어 서비스 '준'을 잇달아 내놓아 성공시킨 콘텐츠 전문가가 아닌가.

---

10 편집부, 『대한민국 모바일연감(2006·2007)』(서울: 아이뉴스24, 2006), 135쪽.

신 사장은 이번에도 회사의 기대를 저버리지 않았다. SKT가 2004년 11월 시작한 모바일 음악 서비스 멜론을 국내 최대 음악 포털로 발전시켰다. 최근 멜론에 가입한 회원은 약 420만 명, 월 5,000원씩 내는 유료회원만도 약 60만 명을 기록하고 있다. 이를 통해 벌어들이는 수입은 월 25~30억 원. 멜론은 SKT의 효자 서비스로 평가받고 있다.

국내 최대 음악 포털 멜론(http://www.melon.com)

멜론은 국내보다 해외에서 더 높은 평가를 받고 있다. ≪비즈니스위크≫는 SKT의 멜론이 '이동통신사가 음악을 팔아 어떻게 수익을 올릴 수 있는지 보여주는 대표적인 성공 사례'라고 소개했다. 또 "세계 음악 소비자들이 CD를 듣는 대신 매달 일정한 요금을 지불하고 원하는 음악을 듣는 시대가 올 것"이라고 전망했다.[11]

그러나 멜론에 대한 평가가 모두 같을 수는 없다. 모바일 음악시장의 개척자라는 찬사 뒤에는 음악가와 콘텐츠 제작자들을 희생시켰다는 비난도 따라다닌다. 이는 국내외 음악 저작권료를 비교하면 극명하게 드러난다.

온라인 음악의 대명사인 애플의 아이튠즈가 성공할 수 있었던 것은 가수 및 음반업계의 권리를 최대한 보장해주었기 때문이었다. 애플은 음악 판매 수입 중에서 60~70%를 저작권 사용료로 이들에게 지급했다.

일본의 이동통신사들도 콘텐츠제공업체(CP)와 상생 관계를 유지하고 있는 것으로 유명하다. 이들은 음악판매 수입의 50%와 7%를 음반업체

---

11 "iPod Killer? New rivals take aim at the champ", ≪비즈니스위크≫, 2005년 4월 25일자, http://businessweek.com/magazine/content/05_17/b3930001.htm.

와 가수들에게 각각 지급하고 있다. 또 소프트웨어를 제공하는 다운로드 사업자에게도 33%를 떼어준다.

이동통신 서비스업체에게 떨어지는 몫은 전체 수입의 9%에 불과하다(단, 이동통신사가 운영하는 웹사이트에서 음악을 구입할 경우에는 그 비율이 42%까지 높아진다). 이에 비해 우리나라 이동통신 업체가 음악판매 수입 중에서 저작권자에게 지불하는 비용은 '초라하다'.[12]

이는 우리나라 모바일 음악시장이 겉모습만 화려할 뿐 실제로는 심각한 병을 앓고 있다는 것을 보여준다.

문제를 일으키는 진원지는 '공짜 콘텐츠'다. 콘텐츠에 대해 정당한 대가를 지불하지 않는 환경에서는 우수한 콘텐츠를 개발하는 것이 어렵고, 이는 다시 IT의 균형발전을 가로막고 있다고 전문가들은 설명한다. 우리나라에서 MP3P가 꽃을 피우지 못한 것도 이러한 사회 분위기 때문이라고 이들은 덧붙인다.

황정하 전 디지털캐스트 사장은 "MP3P 시장은 본질적으로 단말기보다는 콘텐츠 비즈니스"라고 못 박았다. 콘텐츠의 지원 없이는 MP3P 시장에서 성공할 수 없다는 설명이다. 이는 "MP3P는 물론 PMP, DMB 등의 분야에서도 똑같이 적용된다"고 황 전 사장은 주장했다.

황정하 사장은 최근 주문형비디오(VOD) 시스템을 개발해 우리나라가 아닌 일본에 수출하고 있다. 이에 대해 그는 "일본이 콘텐츠 비즈니스를 수행하는 데 더 좋은 여건을 갖추고 있기 때문"이라고 이유를 설명했다.

---

[12] 일본 MFC 모바일콘텐츠 포럼: 모바일음악 다운로드 시장 보고서, 2007년 2월.
MBC 100분 토론: 온라인음악시장 유료화, 그 쟁점은?, 2005년 12월 1일.

이구형 뉴로스카이 CTO는 미국의 애플(아이팟)이 전 세계 MP3P 시장을 장악할 수 있었던 배경도 바로 "콘텐츠에 대해 정당한 대가를 지불하는 소비자층이 그만큼 두껍기 때문에 가능했다"고 분석했다. 이러한 환경에서 HDD를 장착한 아이팟을 내놓을 수 있었다는 설명이다.

이구형 CTO는 또 "장거리 출장이 많은 미국인들에게 큰 인기를 끌고 있는 서비스로 아이팟 외에도 블랙베리(PDA), XM라디오(위성라디오 방송) 등이 있는데 이들도 모두 단말기보다는 콘텐츠의 중요성을 일깨워주는 서비스"라고 규정했다.

그는 "이와 반대로 우리나라에서 인기 있는 MP3P와 PMP, DMB 등은 콘텐츠보다는 단말기의 기능 위주로 발전하고 있는 서비스들"이라고 설명하면서 "우리나라 IT 제품 및 서비스가 해외 시장에서 성공하려면 우선 이러한 차이를 극복하는 것이 무엇보다 중요하다"고 강조했다.

그는 덧붙여 신기술 제품에 열광하는 우리나라 소비자들의 역할에 대해서도 냉정하게 평가할 필요가 있다고 지적한다. 즉, 빠르게 발전하는 IT 분야에서 새로운 시장을 개척할 때에는 우리나라의 얼리어댑터들이 최고의 동반자이지만, 일반인들을 대상으로 제품을 판매하는 성숙된 시장을 공략하는 데에는 (얼리어댑터들이) 도움이 되기는커녕 걸림돌로 작용할 때도 많다는 것이다.

'전문성 부족'은 얼리어댑터들도 인정하는 사실이다. 2005년 10월 COEX 전시장에서 열린 '프로슈머 페스티벌'은 우리나라 얼리어댑터들을 현장에서 만날 수 있는 자리였다.

산업기술인터넷방송이 개최한 이날 행사에서 사회를 맡았던 얼리어댑터 조현경 씨는 기업에서 얼리어탑터들을 '양날의 칼'로 보고 있다고 소개했다. 즉, "좋은 정보를 제공하는 것은 고맙지만 그중에는 검증이

안 된 것도 많다는 것이 이들의 대체적인 평가”라고 전했다.

이에 비하면 미국 등 선진국은 철저하게 ‘전문가 사회’다. MP3 관련 정보를 제공하는 MP3닷컴을 찾으면 전문가들이 작성한 뉴스는 물론 심층 보고서, 상품 평 등을 읽을 수 있다. 이와 비교하면 우리나라에 개설된 수많은 MP3P 사이트들은 ‘아마추어들의 놀이터’에 불과하다.

무엇이 이러한 차이를 만들까? 그것은 바로 ‘전문 인력’이다. 지적 재산을 철저하게 보장해주는 선진국에서는 많은 전문가들이 활동할 수 있는 무대를 제공하지만, ‘공짜 문화’에 젖어 있는 우리나라에서는 그렇지 못한 것이다.

3. 전문 인력 부족

우리나라에는 IT 등 첨단 산업 분야의 전문 인력이 크게 부족하다. 해외 전시회나 신제품 발표회를 참관하면 그 차이를 피부로 느낄 수 있다.

미국과 유럽을 대표하는 IT 전시회인 CES와 세빗에서 가장 중요한 행사 중 하나로 포럼을 들 수 있다. 관련 업계 최고 경영자들이 분석가(애널리스트)와 기자들을 초청해 IT의 발전과 시장상황, 이에 대처하는 기업 전략 등을 놓고 난상토론을 벌인다.

그 결과는 로이터 등 통신사와 ≪뉴욕타임스≫ 등 신문, BBC 등 방송, ≪비즈니스위크≫ 등 잡지, 그리고 C넷 등 인터넷 뉴스를 통해 전 세계에 전달된다.[13]

IT 분야 최신 정보의 생산과 가공, 유통이 대부분 이들의 손을 거쳐 이루어지고 있는 것이다. 그만큼 세계 IT 시장에서 이들의 영향력은 크다. 또 미국에서는 많은 대학과 시장조사·벤처캐피털 회사들이 각각 기술개발과 마케팅, 투자자금을 지원하고 있다.

예를 들어 스탠퍼드 대학은 오래전부터 연구개발 및 기술이전을 담당하는 회사(SRI)를 설립해 다양한 기술 기업의 창업을 돕고 있다. 1946년 설립된 SRI는 직원 숫자만 1,400여 명에 달한다(이는 우리나라 정부출연연구소와 비슷한 규모다).

또 시장조사 및 벤처캐피털 분야도 대표적인 전문가들의 활동무대라고 할 수 있다. 시장조사분야 1위 업체인 가트너그룹은 1,000여 명이 넘는 분석가(650명)와 컨설턴트(550명)들이 기술 마케팅에 대해 조언하고 있다.

벤처캐피털리스트들의 활약도 빠뜨릴 수 없다. 이들은 유망 신기술 기업을 발굴해 자금을 지원하는 것은 물론 CEO와 CTO 등 핵심 경영진을 구성하는 등 전 방위 경영활동을 지원하고 있다.

미국 벤처기업들이 IT는 물론 생명공학(BT), 나노기술(NT) 등의 분야에서 세계 시장을 석권하고 있는 것도 바로 이처럼 막강한 지원조직을 뒤에 거느리고 있기 때문이다.

그렇다면 우리나라에도 이러한 서비스를 제공하는 곳이 있을까? 안타깝지만 '거의' 없다고 대답할 수밖에 없다. 하나도 없다는 것은 아니

---

13 로이터통신: http://www.reuters.com/business/media
≪뉴욕타임스≫: http://www.nytimes.com/pages/technology/index.html
BBC방송: http://news.bbc.co.uk/2/hi/technology/default.stm
≪비즈니스위크≫: http://www.businessweek.com/technology
C넷: http://news.com.com
이들 5개 사이트의 기사만 부지런히 읽으면 전 세계 IT 업계가 어느 방향으로 나아가고 있는지 파악할 수 있다.

다. 이러한 서비스를 제공하는 기관이 몇 군데 있다고 하더라도 실제로 기업을 하는 데 큰 도움은 안 된다는 의미다.

예를 들어 시장조사 분야를 비교해보자. 미국의 경우 IT 분야 시장 및 산업을 연구하는 기관이 수두룩하다. 앞에서도 소개한 바 있는 가트너와 IDC가 IT 전 분야를 다루는 시장조사의 '백화점'이라면 NPD그룹과 아이서플라이는 각각 소비자 조사와 부품 시장을 분석하는 '전문점'으로 명성을 떨치고 있다.

모바일 음악만 대상으로 하는 곳(M:Metrics사)도 있다. 이들이 보고서를 발표하면 전 세계 언론이 그 내용을 전한다. 이러한 시스템 덕분에 우리는 안방에 앉아서도 아이팟과 아이폰이 IT 관련 산업에 어떤 영향을 미치는지 이해할 수 있다.

그 혜택을 가장 많이 보는 계층은 누구일까? 관련 사업을 직접 하는 사람들일 것이다. 이들의 지원에 힘입어 시장변화를 보다 정확하게 예측한 후에 대응방안을 마련할 수 있기 때문이다. 이와 같은 시장조사 서비스 제공 기관을 국내에서는 찾아보기 어렵다는 것은 우리나라 MP3P 업체들에게는 재앙이나 마찬가지다.

우리나라의 시장조사 서비스가 얼마나 주먹구구식으로 이루어지고 있는지 보여주는 보고서가 있다. 바로 전자산업진흥회가 지난 2006년 말 발표한 『국내외 MP3P 산업동향 보고서』이다. 산업자원부가 사양산업 지원대책을 마련하기 위해 정부 예산을 투입해 작성된 이 보고서는 300쪽이 넘는 방대한 내용을 다루고 있는데, 정작 중요한 통계에 믿기 어려운 수치를 나열해 신뢰성에 의문이 제기되고 있다.

예를 들면 이 보고서에서는 우리나라 MP3P 시장규모를 2001년 32만 대, 2002년 55만 대, 2003년 58만 대, 2004년 63만 대로 집계하고 있다.

이는 업계에서 추산하는 '연간 약 500만 대'와 비교하면 10분의 1 수준
이다.[14]

그 이유를 들어보면 더욱 놀라게 된다. 전자산업진흥회와 공동으로
이 보고서를 작성한 곳은 알엔디비즈. 이 회사는 주로 정부출연연구소
가 의뢰하는 시장조사 업무를 수행하고 있다.

이 회사의 김정근 대표는 "MP3P 업체들이 판매수치를 공개하지 않
아 수출입 통계를 기준으로 국내 시장규모를 집계했다"고 밝히면서 "그
결과 실제와는 동떨어진 시장규모를 발표하게 된 것"이라고 해명했다.

믿기 어렵지만 우리나라 MP3P 시장규모를 그나마 자체적으로 분석
한 자료는 이 보고서가 유일하다.

우리나라 MP3P 산업 및 시장을 분석한 보고서가 하나도 없는 것은
아니다. 민간연구소 중에서는 LG경제연구소, 정부출연연구소 중에서는
정보통신정책연구소 등이 MP3P 관련 보고서를 꾸준히 펴내고 있다. 그
러나 이들 기관에서 펴낸 보고서는 모두 외국 시장조사회사들의 보고서
를 요약, 정리하는 데 그치고 있다. 따라서 우리나라의 MP3P 시장규모
가 어느 정도인지 체계적으로 분석한 자료는 '없다'는 결론에 도달한다.

이러한 상황에서 신문과 방송보도는 순전히 기업이 발표하는 자료에
의존할 수밖에 없다. 그동안 우리나라 MP3P 관련 업체들의 성공과 좌
절을 심층적으로 분석한 기사를 찾기 어려운 이유도 바로 여기에서 찾
을 수 있다.

문제가 되는 것이 어디 시장조사뿐일까? 새로운 기술의 평가 및 유

통, 벤처캐피털의 심사 방식, 전시회 개최 등도 모두 주먹구구식으로 이루어지고 있다고 전문가들은 지적한다.

결론적으로 벤처기업을 둘러싼 경영환경은 '천수답'에 비유할 수 있다. 비가 한꺼번에 많이 오면 토지가 유실되고 또 비가 오지 않아도 땅이 갈라져서 농사를 지을 수 없는……. 이는 벤처기업이 자체적으로 해결하기 어려운 악조건들이다. 물론 이러한 환경은 MP3P 업체들에게도 족쇄로 작용했다.

12장 ㅣ 새로운 도전

1. '절체절명의 기회'

디지털 비즈니스 세계는 변화무쌍하다. 이 분야를 취재하면 꼭 롤러 코스터를 탄 것 같은 느낌이 든다. 조금만 방심하면 방향감각을 잃어버리기 일쑤다. 신문 기사를 꼼꼼히 읽어보면 이를 실감할 수 있다.

지난해 5월 초 ≪전자신문≫은 "MP3P와 디카의 봄날은 갔다"는 기사를 게재했다. 그 내용을 보면, "홈쇼핑 채널에서 인기를 끌던 MP3P의 판매가 최근 뚝 떨어졌다"고 소개하고 있다. 그리고 그 자리를 채운 것은 내비게이션과 PMP, 지상파DMB라고 전했다.

한 달이 채 안 된 5월 말 기사(MP3P '턴어라운드')에서는 "MP3P 내수 및 수출이 모두 큰 폭으로 늘어나고 있다"고 보도했다. 기사에서는 구체적으로 삼성전자가 4월 말까지 총 150만 대의 MP3P를 판매했는데 이는 지난해보다 50% 이상 증가한 실적이라고 밝혔다. 또 레인콤(100%)과 코원(10%), LG전자(100%) 등도 MP3P 판매가 모두 큰 폭으로 늘어났다고 덧붙였다.

이들 기사는 독립적으로 보면 모두 훌륭한 기사다. 시장상황이 변하는 것을 잘 포착해서 전달하고 있다. 그러나 이들 기사를 같이 놓고 보면 문제가 발생한다. 두 기사는 서로 반대되는 주장을 하고 있는 것으로 읽힌다. 독자들로서는 혼란스러울 수밖에 없다. 어디서 그 이유를 찾을 수 있을까.

앞서 소개한 두 기사는 '눈에 보이는 현상, 즉 판매 대수에 집착함으로써 그 내용이 변한 것을 놓쳤다'는 비판을 면하기 어렵다. 이에 따라 같은 주제를 다루면서 정반대로 해석하는 결과를 낳았다.

음악재생기 시장에는 최근 어떤 변화가 일어나고 있을까. 단순히 음성만 재생할 수 있는 MP3P는 음악재생기 시장에서 더 이상 주력제품이 아니다. 이보다 한 단계 더 진화한 것으로 음성과 영상을 동시에 재생할 수 있는 'MP4P'에 주도권을 넘겨준 지 오래다. 따라서 앞의 기사에서도 'MP3P 턴어라운드'보다는 새로운 제품, 즉 'MP4P 시장의 개화'라는 의미로 해석하는 것이 더 정확하다.

음악재생기 시장의 중심축이 MP3P에서 MP4P로 넘어가는 데 가장 크게 기여한 회사로 애플을 꼽을 수 있다. 이 회사가 2005년 10월 영상을 재생할 수 있는 아이팟비디오를 내놓은 것을 계기로 MP4P 시장이 빠르게 확대되고 있기 때문이다.

최근 IDC가 펴낸 보고서에 따르면 동영상을 감상할 수 있는 MP4P의 전 세계 시장(출하량 기준)은 지난해 1,700여만 대에서 오는 2010년 1억 4,300여만 대로 성장할 것으로 기대되고 있다. 이에 비해 오디오 전용 MP3P 시장은 같은 기간 동안 1억 600여만 대에서 2010년 900만 대 수준으로 급감할 전망이다.

애플에 이어 중국 업체들도 음악재생기 시장의 주력이 MP4P로 넘어가는 데 힘을 보태고 있다. 파워블로거로 활동하는 박병근 다이시스 차장은 우리나라 업체들은 MP3P의 뒤를 이을 제품으로 MP4P 외에도 PMP, 와이브로(Wibro) 단말기, DMB, 내비게이션 등 다양한 모델을 골고루 개발해왔다고 밝혔다. 이에 비해 기술력이 떨어지는 중국 업체들은 MP4P 시장에 집중했다.

지난해 초부터 중국 업체들의 우리나라 시장 공략이 본격화됐고, 이에 위기를 느낀 우리나라 업체들도 MP4P 시장에 화력을 집중하면서 국내에서도 MP4P 시장이 빠르게 확대되고 있다.

국내 MP3P 업체들은 물론 삼성, LG 등 대기업들도 이 분야에 뛰어들고 있다. 이렇게 태어난 제품이 바로 아이리버 'B20'과 코원 'D2'다. 삼성전자와 LG도 관련 제품을 내놓고 있다. 국내 업체들은 또 DMB가 지원되는 MP4P를 개발하는 데에도 열을 올리고 있다.

박병근 차장은 "음악재생기 시장의 주력이 MP4P에서 다시 DMB로 넘어갈 것"이라고 조심스럽게 전망한다. 이러한 전환이 가장 빠르게 일어나고 있는 곳이 바로 우리나라다. 이러한 변화는 무엇을 의미할까. 간단하다. 바로 '기회'다. 박 차장은 최근 블로그에 올린 글에서 MP3P에 이어 MP4P, DMB 등의 세대교체가 우리나라에서 활발하게 일어나고 있는 점을 들어 절체절명의 기회가 (우리) 눈앞에 와 있다고 강조했다.[1]

---

1 "MP3P Turnaround? MP4P+DMB Rise up!", 킬크로그(ttp://cusee.net/2461058).

엠피아이오 우중구 사장

2. 벤처 DNA = 도전

이러한 변화를 한발 앞서 포착할 수 있는 사람이 바로 벤처기업 경영자들이다. 이들의 공통점은 기회를 포착하는 동시에 실천에 옮긴다는 점이다.

엠피아이오 우중구 사장도 그중의 한 명이다. 그는 MP3P 역사의 산증인이다. 우 사장은 MP3P가 처음 소개되던 1990년대 말(1997~1998년) 당시 "디지털이 화두였다"고 말했다. 대우에서 컴퓨터 사업을 맡고 있던 우 사장은 인터넷이 기존의 사업방식을 완전히 바꿔놓을 것으로 생각했다. 이는 자신만의 비즈니스를 할 수 있는 '최고의 기회'를 의미했다.

우중구 사장은 MP3P에 승부를 걸기로 했다. 엠피아이오의 전신인 디지털웨이를 설립한 것은 1998년 6월. 그는 MP3P를 선택한 이유를 세 가지로 설명했다.

우선 음악은 '영원하다'는 점을 꼽았다. 따라서 MP3P는 모든 사람들에게 즐거움을 제공하는 비즈니스다. 이는 (우 사장에게) 무궁무진한 시장을 의미했다.

둘째는 기술적인 특성이다. 디지털 제품을 개발할 때 중요한 것은 소프트웨어다. 제품의 경쟁력은 차별화된 디자인과 시스템을 안정화시키는 소프트웨어에 달려 있다. 부품은 레고블록과 같다. 주요 부품은 대부분 표준화되어 있다. 이를 조립하면 디지털 제품이 완성된다. MP3P뿐만 아니라 내비게이터, 휴대폰 등도 분해해보면 모두 비슷하다는 것을 알 수 있다. 중소기업도 대기업과 대등하게 경쟁할 수 있는 환경이 만들어진 것이다.

이는 아날로그 제품과 비교해보면 쉽게 그 차이를 이해할 수 있다. 텔레비전과 냉장고 등 아날로그 제품을 생산하려면 대규모 투자가 필수적이다. 중소 벤처기업은 이러한 분야에 도전하기 어렵다. 이에 비해 디지털 제품의 생산은 전문업체(EMS)에 맡길 수 있다. 신제품 개발과 디자인, 마케팅 등 핵심적인 업무만 자체적으로 처리하면 되는 비즈니스다.

마지막으로 판매(마케팅) 방식에도 큰 차이가 있다. MP3P의 고객은 대부분 네티즌이다. 이들은 적극적인 정보 소비자들이다. 혁신적인 제품을 공급하면 홍보는 걱정할 필요가 없다. 제품이 만족스러우면 소비자들이 자발적으로 홍보를 해주기 때문이다.

2005 멕시코 한국상품전을 찾은 노무현 대통령 내외가 엠피오 부스를 방문했다.

우중구 사장은 인터넷의 가장 큰 매력을 '다양성'이라고 설명했다. 이는 '자유'와 동의어로 해석할 수 있다. 대부분의 직장인들이 자유를 꿈꾸지만 현실적인 제약 때문에 실천에 옮기지 못했다. 그러나 인터넷의 등장이 이 모든 것을 바꿔놓았다. 누구나 자신만의 아이디어로 비즈니스를 할 수 있는 새로운 기회가 펼쳐지고 있었다. 이를 간파한 우중구 사장은 과감하게 도전했다. 그는 "(정든 회사를 그만둘 때) 조금도 망설이지 않았다"고 한다.

그의 판단은 적중하는 것 같았다. 엠피아이오는 승승장구했다. 2001년 미국에서만 MP3P 100만 대를 팔았다. ≪비즈니스위크≫(2002년 6월)는 시장조사기관 자료를 인용, 엠피아이오의 시장점유율이 20%에 달하는 것으로 분석했다. 일본에서는 한때 시장점유율이 35%까지 치솟았다. 당연히 우중구 사장은 벤처업계에서 '떠오르는 별'로 주위의 부러움을 샀다. 그 덕분에 홍콩TV에 소개되기도 했다.

그러나 아쉽게도 좋은 시절은 오래 지속되지 못했다. 애플이 하드디스크드라이브(HDD) 시장을 장악한 여세를 몰아 플래시메모리 시장에까지 진출함으로써 엠피아이오의 시대는 막을 내렸다. 애플의 세몰이는 전무후무한 것이었다. 애플의 MP3P 시장점유율은 50~60%를 기록했고, 온라인 음악판매 시장에서 점유율은 무려 80%까지 치솟았다.

이는 우중구 사장에게도 큰 시련을 안겨주었다. 그는 "이런 사태를 전혀 예상하지 못했다"고 한다. 판매할수록 적자가 늘어났다. 그는 끝내 미국 시장을 포기하고 캐나다와 유럽 등의 시장을 개척해야 했다.

동시에 원가절감 노력도 병행했다. 엠피아이오의 생산원가(메모리 제외)는 최근 14달러까지 떨어졌다. 이는 중국 업체들(12달러)과 비슷한 수준이다. 이러한 노력에 힘입어 최근 엠피아이오의 해외 수출도 되살아나고 있다. 지난해에는 매출액 1,000억 원 선을 회복했다. 올해 매출액은 이보다 20~30% 더 늘어날 것으로 기대하고 있다.

이와 함께 엠피아이오는 새로운 제품 개발에도 박차를 가하고 있다. 엠피아이오의 제품군은 크게 두 가지로 나뉜다. 현재 주력하는 제품은 이동용 단말기다. 엠피아이오의 모태가 된 MP3P를 중심으로 MP4P, DMB, 와이브로 단말기 등 다양한 제품을 개발하고 있다.

이어 차세대 제품으로 인터넷(IP)TV와 PVR 등도 개발하고 있다. 이들을 하나로 묶어 '가정용 멀티미디어센터(HMC)'라는 제품을 내놓을 계획이다. 우 사장은 특히 'HMC'의 제품생산은 중국에서 담당하고 본사에서는 신제품 기획과 개발, 마케팅 등 핵심적인 업무만 수행하고 있다고 소개했다.

MP3P 사업을 시작한 지 10주년을 앞두고 있는 현존하는 최고(最古)의 MP3P 회사, MPIO. 우중구 사장은 다시 한 번 비상을 꿈꾸고 있다. 그에게는 성공과 실패를 걱정하는 것조차 사치로 보인다. "다만 오늘 주어진 일에 최선을 다할 뿐"이다.

전 세계를 무대로 비즈니스를 하는 경영자들의 심정은 대부분 우 사장과 비슷할 것이다. 이 책을 쓰기 위해 지난 3여년 동안 이들이 살았던 궤적을 샅샅이 뒤졌다. 그동안 느낀 점을 한마디로 표현하면 새로운 비즈니스와 일자리를 만들어내는 사업가야말로 '이 시대의 영웅'이라는 것이다.

어찌 MPIO뿐일까. 다른 MP3P 업체들도 생존을 연장하기 위해서 다양한 방법으로 변신을 꾀하고 있다. 주요 업체들의 최근 움직임을 소개한다.

김경태 사장 사무실에 걸려 있는 엠피맨 포스터. 태권도에 빗대 우리나라가 '종주국'이라는 사실을 상기시키고 있다.

□ JME디지털 = '엠피맨' 유럽에 공급

세계 최초 MP3P '엠피맨'은 유럽에 살아 있다. 세계 최초로 MP3P를 개발한 엠피맨은 경영난으로 지난 2004년 레인콤에 매각됐지만, 엠피맨 브랜드는 지금도 유럽에서 판매되고 있는 것으로 확인됐다.

≪디지털타임스≫에 따르면 엠피맨이 경영상의 어려움에 처했던 2003년 당시 엠피맨 유럽 총판이었던 벨기에 업체가 유럽 내 브랜드 사용권을 사들여 지금까지 엠피맨 브랜드로 MP3P를 판매하고 있다.

브랜드는 해외업체에 넘어갔지만, 이 업체에 MP3P를 공급하는 것은 엠피맨에서 마지막 사령탑을 맡았던 김경태 대표가 2004년 설립한 국내 업체 제이엠이(JME)디지털이다.

김경태 대표는 "국내에서는 엠피맨이라는 브랜드가 없어졌지만, 유럽에는 엠피맨 브랜드가 잘 알려져 있다. 지난해에도 엠피맨 이름을 단

제품이 유럽에서 200만 대 넘게 팔렸을 정도로 여전히 인기가 있다"고 말했다.

엠피맨은 지난해 유럽 전체 플래시메모리 방식 MP3P 시장에서 점유율 10%를 차지해 패커드벨, 크리에이티브 등 경쟁업체들을 누르고 1위를 차지했다.

JME디지털은 최근 새로운 제품 개발에 나서고 있다. 그것은 바로 노키아 등 유럽 휴대폰 및 이동통신 업계가 추진하는 모바일TV다. 이를 DVB-H(Digital Video Broadcasting Handheld)라고 한다.

김경태 사장은 MP3 기술이 MP4를 거쳐 최근 오디오와 TV의 융합으로 활발하게 이어지고 있다고 소개한 후 '모바일영상'이라는 미래기술 시장에서 다시 한 번 우뚝 서겠다고 포부를 밝혔다.

❏ 레인콤 = "모바일 IT 전문기업 도약"

'MP3P를 넘어 모바일 IT 전문기업으로 도약한다.' 우리나라를 대표하는 MP3P 업체 레인콤(대표 이명우)이 새롭게 내세운 목표다. 레인콤은 이를 달성하기 위해 2007년 9월 전문경영인 체제를 강화했다. 삼성전자 미주 부문장과 소니코리아 회장 등을 지낸 전문 경영인 이명우 씨를 대표이사 사장으로 영입한 것(창업자인 양덕준 사장은 CTO를 맡아 제품 기획 및 전략 수립에 전념하기로 했다).

이명우 레인콤 사장은 최근 ≪전자신문≫과 가진 인터뷰에서 "MP3P 브랜드로 전 세계에 알려진 '아이리버'를 다양한 모바일 IT기기를 아우르는 브랜드로 확장하고, 이를 통해 제2의 도약을 이루겠다"고 밝혔다.

레인콤은 지난해 8월 내비게이션을 출시한 데 이어 연말에는 PMP와 네트워크 지원 단말기를 잇달아 선보였다. MP3P의 매출을 줄이는 것이 아니라 다양한 기기를 선보이고, 전자사전 등 기존의 분야를 강화해 전체적인 규모를 키우겠다는 전략이다.

이미지 변신과 함께 수출에도 주력하겠다는 뜻도 밝혔다. 이 사장은 "올해 수출과 내수의 비중이 2 대 8이었다"며 "4~5년 안에 이를 8 대 2로 역전해야 성장을 담보할 수 있다"고 설명했다.

레인콤 아이리버의 인기제품들

또 "국내에서 월 100억 원대의 매출을 올리지만, 국내 시장규모가 제한적이기 때문에 성장동력을 글로벌 시장에서 찾아야 한다"고 덧붙였다. 레인콤은 세계 시장을 1, 2단계 전략 시장으로 나누고, 2010년까지 미국과 유럽 등 선진 시장과 러시아 등의 신흥 시장을 포함해 전 세계 국가의 약 절반에 아이리버 제품을 선보인다는 계획을 세웠다.

이명우 사장은 특히 '아이리버다운' 제품으로 승부하겠다고 밝혔다. 그는 "단순히 기능을 높이는 것보다 소비자들의 생활습관을 충실하게 반영하는 제품을 개발하는 것이 중요하다"고 강조했다. 즉, "갖고 다니고 싶고 자랑하고 싶은 제품을 누가 제일 잘 만들 수 있느냐가 핵심"이라는 것이다.

이 사장은 "레인콤의 사외이사를 하면서 보니 다른 회사에 없는 구슬이 레인콤에 많이 있음을 알게 되었지만 2% 부족해 보였다"며, "(나에게) 구슬은 없지만 구슬을 꿰는 능력은 있고, 직원들과 함께 노력하면 다시 세계적인 기업이 될 수 있을 것으로 확신했다"고 말했다.

이지맥스에서 선보이고 있는 디지털디스크

❏ 이지맥스 = 아이디어 상품으로 활로 모색

2000년 설립된 이지맥스(대표 이영만)는 초창기 소프트웨어를 개발했으나 최근 디지털 엔터테인먼트 전문 기업을 선언해 관심을 끌고 있다.

이지맥스는 성냥갑 크기의 재생기기에 음원을 담은 플래시메모리를 내장해 이어폰을 꽂으면 바로 음악을 들을 수 있는 '디지털 디스크(DD)'를 개발했다. 인터넷을 통한 불법복제 때문에 머리를 싸매던 음반업계에서 음원 복제가 불가능하도록 고안한 아이디어 상품이다.

이지맥스는 2006년 5월 연예기획사인 세도나미디어와 공동으로 63빌딩에서 기자회견을 열고 첫 번째 DD 음반으로 만든 그룹 'SG 워너비'의 3집 〈더 서드 마스터피스〉를 공개했다.

DD는 건전지를 제외한 무게가 약 10g이며, 건전지 하나를 넣으면 약 10시간 동안 작동된다. 내부에 32메가바이트의 메모리칩을 담고 있고, 음질은 MP3와 CD의 중간 정도다.

가격은 1만 7,000~8,000원 선인데, 현재 이 음반의 CD는 1만 4,500원에 판매되고 있다. 기존 CD나 테이프와 달리 이 기기는 재생기기와 디스크를 합쳐서 분리시킬 수 없도록 만들었다. 또한 MP3P와 다르게 메모리에 내장된 음원을 새로 저장하거나 지울 수 없도록 했다.

이영만 사장은 "비슷한 음질로 3년 내에 DD 가격을 CD 수준으로 낮출 계획"이라며 "장기적으로 DD가 CD를 대체하는 매체로 성장할 것"이라고 전망했다.

이지맥스는 2006년 10월 DD를 응용한 DD 코란을 개발, 중동 지역에 수출하기 시작했다. 사우디아라비아의 IT 유통업체인 MDC에 DD 코란을 50만 대, 금액기준으로 800만 달러어치를 공급한 것이다. DD 코란은 18.5g의 무게와 지포 라이터만 한 크기에 코란 경전 114장을 모두 담고 있다. 구입 즉시 이어폰만 연결하면 청취할 수 있다. 또 DD 코란은 외관을 금박으로 도금했다.

이영만 이지맥스 사장은 "사우디아라비아 수출을 계기로 세계 13억 이슬람 신도를 대상으로 DD 코란을 보급해나가겠다"고 밝혔다. 국내 MP3P 업체들이 어려움을 겪는 가운데 이지맥스는 DD라는 아이디어 상품으로 활로를 모색하고 있는 것이다.

□ 이노맨 = 디자이너 브랜드로 승부

국내 대표적인 산업디자이너로 손꼽히는 김영세 이노디자인 대표도 MP3P 등 디지털 단말기 비즈니스에 뛰어들었다. 그의 평소 소신인 디자이너 브랜드를 실천하기 위해서다.

이노디자인은 최근 이를 위해 MP3P, PMP, DMB 등 소형 디지털 단말기를 'INNO' 브랜드로 공급하는 자회사 '이노맨'(대표 이순)을 설립했다. 뛰어난 기술력을 갖춘 국내 중소기업의 디지털 단말기에 김영세 스타일의 디자인을 입혀 독자 브랜드로 판매할 계획이다.

브랜드 인지도가 높은 제조업체 등에서 주문자상표부착생산(OEM)으로 제품을 공급받는 경우는 흔하지만, 디자인 회사가 이처럼 OEM 형태로 제품을 생산해 판매하는 것은 국내에서 처음이기 때문에 비상한 관심을 끌고 있다.

이노맨은 지난해 말 첫 번째로 기획한 상품 'B2'를 내놓았다. 이 제품은 이노맨이 바비 인형으로 유명한 미국 마텔 사와 바비 브랜드 사용계

이노맨은 바비 디자인을 적용한 여성용
MP3플레이어 'B2'를 선보였다.

약을 체결하고 바비 디자인을 적용한 여성용 MP3P다.

여성 화장품 콤팩트를 닮은 B2는 기능보다 디자인과 감성에 초점을 맞춘 제품이다. 케이스를 열면 윗면에 콤팩트처럼 거울이 있으며, 하단에는 LCD가 자리 잡고 있다. MP3 재생, 음성녹음, FM라디오, 이미지 뷰어 기능 등을 제공하며, 터치 방식으로 조작된다. 각 메뉴가 바비 브랜드를 연상시키는 깜찍한 아이콘으로 디자인된 것도 특징이다. 이노맨은 B2를 필두로 바비 브랜드를 적용한 다양한 IT제품을 출시할 예정이다.

김영세 대표는 기자들과 가진 인터뷰에서 "이노맨이 새로운 개인용 디지털 기기를 기획하고 디자인하면 이를 다양한 중소기업과 제휴해 생산할 것"이라면서, "디지털 상품을 즐기는 새로운 패러다임을 제시하겠다"고 밝혔다.

이노맨의 구상은 크게 두 가지다. 첫째는 기존 중소기업들의 제품을 INNO 브랜드로 흡수하는 것이다. 그동안 디자인 감각이 뒤떨어져 젊은 층에게 외면받았던 기술력 있는 중소기업 제품에 이노디자인의 '감각'을 넣어 시장 파괴력을 높이겠다는 전략이다.

실제로 이노디자인이 상품개발에 개입했던 레인콤의 MP3P '아이리버'는 기존 MP3P와 차별화된 디자인과 우수한 성능으로 단숨에 시장 1위로 뛰어오를 수 있었다. 이노맨의 양천봉 전무는 "PMP와 같은 개인용 디지털 단말기들은 패션 제품처럼 소비되기 때문에 브랜드와 디자인으로 상품가치를 크게 높일 수 있다"고 설명했다.

이와 함께 이노맨이 스스로 제품 아이디어를 내고 기획까지 마친 다음 각 중소기업에 제작·생산을 맡기는 것도 추진키로 했다.

양 전무는 "초기에는 시장성이 검증된 기존 제품을 INNO 브랜드로 흡수하는 데 중점을 두겠지만 차츰 이노맨이 직접 기획한 아이디어 상품 비중을 늘려갈 계획"이라고 설명했다.

앞에 소개한 4개 업체의 사례는 각각 뚜렷한 특징이 있다. JME디지털은 OEM으로 회사를 꾸리면서 새로운 수익사업을 찾아나서고 있다. 레인콤은 MP3P에서 벗어나 디지털 단말기 전문업체로의 도약을 목표로 하고 있다. 이지맥스는 DD라는 아이디어 상품으로, 이노맨은 디자이너 브랜드로 각각 승부수를 던졌다.

이들은 다시 한 번 새로운 황금어장을 만들어 비상할 수 있을까? 이 질문에 대한 답은 독자들의 몫으로 남겨두려 한다. 그 전에 나의 짧은 소견을 피력하자면, 이들이 목표로 하는 분야는 틈새시장의 성격이 강하다. 따라서 일반인들을 대상으로 하는 컨슈머 시장으로 발전할 가능성은 매우 낮아 보인다. 그렇다고 해도 이들의 도전정신만은 높이 평가되어야 할 것이다.

'비트와 디지털, 그리고 IT.'

이는 광속으로 움직이는 현대 사회를 구성하는 원소들이다. 이들이 등장한 후 전 세계 정치와 경제·사회·문화 등 모든 분야에서 엄청난 변화가 일어나고 있다.

그러나 이들의 정체는 좀처럼 그 모습을 드러내지 않는다. 이들을 주제로 다룬 책이 쏟아져 나오고 있지만, 여전히 일반인들에게는 해독하기 어려운 '암호투성이'일 뿐이다.

나도 그 속에서 길을 잃었던 적이 한두 번이 아니다. 이십 년 가까이 IT 분야를 취재하고 기사를 쓰면서 습관적으로 이 용어들을 사용해왔지만, 솔직하게 고백하면 지금도 그 의미가 또렷이 들어오지 않아 당황할 때가 많다.

나는 뒤늦게 이를 체계적으로 공부할 수 있는 기회를 갖게 됐다. 2003년 말, 10년 동안 다녔던 신문사를 갑자기 떠나야 하는 상황이 벌어졌다. 당시 내 나이는 45세. 아무 준비 없이 '제2의 인생'을 시작해야 했다. 나는 오랫동안 마음만 먹고 한 번도 실천하지 못했던 숙제부터 끝내기로 했다. 그것은 바로 'IT를 한번 제대로 공부하는 것'이었다.

이를 위해 나는 원점에서 IT를 다시 돌아보기 시작했다. 모르는 부분이 나타나면 곧바로 전문가를 찾았고, 궁금증이 해소될 때까지 질문하고 또 질문했다.

이렇게 약 4년을 계속 파고드니 어렴풋하게나마 IT를 바라보는 새로운 안목이 생겼다. 이 책은 그동안의 노력을 정리한 결과물이다. 그러다 보니 후기를 쓰는 감회도 남다르다.

독자들의 이해를 돕기 위해 책의 내용에 몇 가지 설명을 덧붙인다.

1. 처음 취재를 시작할 때 목표는 거창했다. 즉, 'IT가 경제·경영 각 분야에 미친 영향을 종합 정리하는 것'이었다.

이를 위해 IT가 농·축산업 등 1차 산업, MP3P와 휴대폰, 디지털카메라 등 제조업, 호텔 등 전통적인 서비스업과 전자상거래 등 새로운 서비스 산업의 생성 및 발전에 어떤 역할을 하고 있는지 조사해 분석할 계획이었다. 그러나 이러한 시도가 내 능력을 벗어난다는 것을 깨닫는 데에는 오랜 시간이 걸리지 않았다.

그 이유는 두 가지로 설명할 수 있다. 우선 'IT 비즈니스'에 대한 사례 분석이 너무 적다는 사실을 확인했다.

삼성경제연구소에서 펴낸 보고서(「국내산업의 재도약 방안」, 2004년 6월, 임영모 수석연구원)와 산업자원부에서 펴낸 책(『사례로 배우는 e비즈니스』 I~V) 등 선행연구가 없는 것은 아니지만, 이 자료들에만 의존해서는 도저히 만족할 만한 IT 비즈니스 책을 쓸 수 없었다.

둘째로는 우리나라에서 일어나고 있는 IT 비즈니스의 내용도 문제였

다. 한마디로 너무 빈약했다. 초고속인터넷과 휴대폰 등 IT 기반시설은
세계 최고 수준이지만, 그 속에서 이루어지는 IT 비즈니스는 '보잘 것
없다'는 사실을 속속 확인하면서 책을 쓸 의욕마저 상실했다.

2. 돌파구가 필요했다. 바로 책의 주제를 바꾸는 것이었다. 그 대안으
로 택한 것이 바로 MP3P다. 큰 모험이지만 다른 방법이 없었다.

그러면 '왜 MP3P인가'하고 궁금해 하는 독자도 있을 것이다. 이에 대
해서는 다음과 같이 설명할 수 있다. "롤러코스터처럼 부침을 거듭하는
IT 비즈니스를 설명하는 데 (우리나라에서 태어나 전 세계로 뻗어나간)
MP3P가 '최고의 사례'가 될 것으로 판단했다"고.

3. '실패학은 성공하기 어렵다?'

우리나라 출판계에서 터부시하는 것이 있다. 바로 '실패학 책'이다.
출판사 관계자들은 "실패학 책을 출간해서 성공한 사례가 없다"고 강변
한다.

이러한 태도가 이 책을 출판하는 데도 걸림돌로 작용했다. 몇몇 출판
사가 이 책의 내용을 실패학으로 단정해 출판을 거절했을 때 느꼈던 당
혹감은, 독자들은 상상하기 어려울 것이다.

초보 필자인 나에게 이는 또 다른 도전이었다. 나는 첫 번째 독자인
편집자들을 집요하게 설득했고, 마침내 뜻을 이뤘다. 이러한 과정을 거
쳐 도서출판 한울에서 책을 펴내게 되었다.

사실 성공과 실패는 '종이 한 장 차이'다. 올해로 11년째를 맞는 MP3P
의 역사가 이를 증명하고 있다. 그동안 수많은 벤처기업들이 MP3P라는
황금어장을 개척했지만, 이 가운데 '만선(滿船)'의 기쁨을 맛본 기업은

소수다. 이들은 어떻게 성공할 수 있었을까?

반대의 경우는 훨씬 더 많다. 즉, 남보다 먼저 MP3P를 개발해 시장을 선점했으나 곧 후발주자에게 추월당한 업체들이다. 무엇이 이들의 발목을 잡았을까?

기회 있을 때마다 이런 질문을 던지는 이유가 있다. 바로 '그 속에 디지털 비즈니스에서 성공할 수 있는 비결이 들어 있다'고 믿기 때문이다. 끝으로 우리나라 MP3P 업체들이 거둔 성공과 좌절을 객관적으로 소개하기 위해 최선의 노력을 기울였다는 점을 밝혀둔다.

독자들이 우리나라 IT 비즈니스를 이해하는 데 이 책이 조금이라도 도움이 되기를 바라는 마음 간절하다.

디지털 기술 입문

네그로폰테, 니콜라스(Nicholas Negroponte). 1999. 『디지털이다』. 백욱인 옮김.
    커뮤니케이션북스.

_____. 1998. 『네그로폰테이다』. 이구형 옮김. 커뮤니케이션북스.

이구형. 2004. 『디지털 제대로 이해하기: 인간을 위한 감성 디지털 강의』. 지성사.

이어령. 2006. 『디지로그 1: 선언』. 생각의나무.

김학진 외. 2007. 『디지털 펀! 재미가 가치를 창조한다』. 삼성경제연구소.

나이스비트, 존(John Naisbitt). 2000. 『하이테크 하이터치』. 안진환 옮김. 한국경
    제신문사.

Smolan, Rick and Erwitt, Jennifer. 1998. *One Digital Day: How the Microchip Is
    Changing Our World*. Times Books.

디지털의 창, 대한민국

오카자키 세이노스케. 2002. 『한국은 지금: 비지니스 맨의 눈으로 보는 세계』. 양
    윤옥 옮김. 동아일보사.

LG경제연구원. 2005.『2010 대한민국 트렌드』. 형선호 옮김. 한국경제신문사.

김용섭. 2006.『대한민국 디지털 트렌드』. 한국경제신문.

테크놀로지 비즈니스

이인식. 1987.『하이테크혁명』. 컴퓨터월드.

박용태. 2008.『이젠 테크노 경영이다: CEO를 위한 이 시대의 패러다임』. 나비
    장책.

데이비스, 스탠(Stan Davis)·데이빗슨, 빌(Bill Davidson). 1996.『정보경제』. 한
    성호·하헌식 옮김. 박영률출판사.

노무라 총합연구소. 2002.『유비쿼터스 네트워크와 시장창조』. U-네트워크연구
    회 옮김. 전자신문사.

매거지너, 이러(Ira C. Magaziner)·패틴킨, 마크(Mark Patinkin). 1994.『소리 없는
    전쟁』. 한영환 옮김. 한국경제신문사

토플러, 앨빈(Alvin Toffler). 1990.『권력이동』. 이규행 옮김. 한국경제신문사.

타이슨, 로라 니안드레아(Laura Tyson). 1993.『누가 누구를 후려치는가』. 삼성
    경제연구소 옮김. 삼성경제연구소.

헌터, 리처드(Richard Hunter). 2003.『(공유와 감시의 두 얼굴)유비쿼터스』. 윤
    정로·최장욱 옮김. 21세기북스.

Friedman, Thomas L. 2007. *The World Is Flat*. Picador.

Engardio, Pete. 2006. *CHINDIA*. McgrowHill.

Benioff, Marc and Adler, Carlye. 2007. *The Business of Changing The World*.
    McgrowHill.

한국경제

IBM. 2007.『IBM 한국보고서』. 한국경제신문사(한경비피).

이성용. 2004.『한국을 버려라』. 청림출판.

안철수. 2004. 『CEO 안철수, 지금 우리에게 필요한 것은』. 김영사.

기술혁신

크리스텐슨, 클레이튼(Clayton Christensen). 1999. 『성공기업의 딜레마』. 노부호
　　외 옮김. 모색.

_____. 2005. 『미래 기업의 조건』. 이진원 옮김. 비즈니스북스.

마르키데스, 콘스탄티노스(Constantinos C. Markides). 2005. 『Fast Second: 신시
　　장을 지배하는 재빠른 2등 전략』. 김재문 옮김. 리더스북.

OECD. 2001. 『OECD 정보기술전망보고서』. 박행웅·이종삼 옮김. 도서출판 한울.

Kao, John. 2007. *Innovation Nation*. Simon & Schuster.

기술공급자의 무덤 VS 소비자의 천국

Carr, Nicholas G. 2004. *Does IT Matter?* Harvard Business School Press.

_____. 2007. *The Big Switch*. W W Norton & Co Inc.

Moschella, David. 2003. *Customer-Driven IT*. Harvard Business School Press.

기술 비즈니스의 고향, 실리콘밸리

E. M. 로저스·J. K. 라센. 1984. 『실리콘 밸리의 열풍』. 정인효 옮김. 정보시대.

브론슨, 포(Po Bronson). 2000. 『실리콘 밸리의 누디스트』. 채윤기 옮김. 나노미
　　디어.

Quindlen, Ruthann. 2001. *Confessions of a Venture Capitalist*. Warner Business.

디자인 & 브랜드

김영세. 2001. 『12억짜리 냅킨 한 장』. 중앙M&B.

_____. 2005. 『이노베이터: 트렌드를 창조하는 자』. 랜덤하우스중앙.

김해련. 2005. 『히트 트렌드 전략』. 해냄출판사.

서용구. 2006. 『보이지 않는 기업성장엔진: 디자인·브랜드·명성』. 삼성경제연구소.

리스, 알(Al Ries)·리스 로라(Laura Ries). 2005. 『브랜드 창조의 법칙』. 최광복 옮김. 지식의숲.

애트킨, 더글러스(Douglas Atkin). 2005. 『왜 그들은 할리와 애플에 열광하는가?』. 김종식 옮김. 세종서적.

소리

일본음향학회. 1999. 『톡톡 튀는 소리의 세계』. 전영석 옮김. 아카데미서적.

김토일. 2005. 『소리의 문화사: 축음기에서 MP3까지』. 살림.

레인콤 & 삼성 & 소니

이민주. 2005. 『휴대폰 하나 컴퓨터 한 대로 100억 부자가 된 사람들』. 은행나무.

전창협. 2004. 『대박은 어떻게 만들어지는가』. 위즈덤하우스.

장세진. 2008. 『삼성과 소니: 글로벌 패권을 위한 두 전자거인의 격돌에 관한 인사이드 스토리』. 살림Biz.

애플

피베, 시릴(Cyril Fievet). 2005. 『i CEO 스티브 잡스』. 유정현 옮김. 이콘.

카니, 리앤더(Leander Kahney). 2006. 『컬트 브랜드의 모든 것, 아이팟』. 이마스(www.emars.co.kr) 옮김. 미래의 창.

Young, Jeffrey S. 2005. *iCon Steve Jobs*. Wiley.

Levy, Steven. 2006. *The Perfect Thing*. Simon & Schuster

보고서

(주)알앤디비즈. 2006. 『국내외 MP3P 산업동향 보고서』. 전자산업진흥회.

나준호. 2000. 「표류하는 MP3플레이어 산업」. ≪LG주간경제≫, 598호. LG경제
　　연구원.

이은민. 2005. 「MP3 등장에 따른 국내 음악산업의 구조변화」. 정보통신정책연
　　구원.

IFPI. 2007. "Digital Music Report 2007."

PCIC. 2007. *Who Capture Value in a Global Innovation System?* "The case of
　　ipod."

SK텔레콤. 2005. 『고객이 만든 현대생활백서』.

서기선

월간지 ≪Business Korea≫와 ≪정보기술≫, 디지털 전문지 ≪전자신문≫에서 기자로 일했다. 광속으로 움직이는 과학기술과 디지털 비즈니스를 소개하는 다양한 기사와 칼럼을 썼다.

홍보회사 '버슨마스텔라'와 출판기획회사 'UCC'에서 마케팅을 담당한 후 저술가로 활동하고 있다. 관심을 갖고 있는 분야는 '디지털 비즈니스'와 '신기술 창업', '직업 탐험' 등이다. 특히 '정보기술이 비즈니스와 우리 삶에 구체적으로 어떤 영향을 미치는지 추적해 기록하는' 작업을 하고 있다. 이 책은 그 첫 번째 성과물이다.

이에 앞서 『호주머니컴퓨터, PDA(김영사)』를 번역했고, 두 번째 책 『새로운 파워군단, 블로거와 접속하라』를 쓰고 있다.

KAIST 교육센터에서 엔지니어를 대상으로 하는 다양한 교육과정을 기획·홍보하는 일을 담당하고 있다.

대한민국 특산품

MP3플레이어 전쟁

ⓒ 서기선, 2008

지은이 ㅣ 서기선
펴낸이 ㅣ 김종수
펴낸곳 ㅣ 도서출판 한울

편집책임 ㅣ 신인영
편집 ㅣ 양은주

초판 1쇄 인쇄 ㅣ 2008년 6월 13일
초판 1쇄 발행 ㅣ 2008년 6월 30일

주소 ㅣ 413-832 파주시 교하읍 문발리 507-2(본사)
　　　 121-801 서울시 마포구 공덕동 105-90 서울빌딩 3층(서울사무소)
전화 ㅣ 영업 02-326-0095, 편집 02-336-6183
팩스 ㅣ 02-333-7543
홈페이지 ㅣ www.hanulbooks.co.kr
등록 ㅣ 1980년 3월 13일, 제406-2003-051호

Printed in Korea.
ISBN 978-89-460-3926-1 03500

* 책값은 겉표지에 표시되어 있습니다.